Das Hundetraining zwischen den Zeilen

Mit Achtsamkeit, Einfühlung und Intuition Verhalten ändern

Kynos Verlag

Ein Dank geht an Ostheimer Holzspielzeuge für die Nutzung der
Bilddaten für einige Bilder im Buch und als Download

Konrad-Zuse-Straße 3 • D-54552 Nerdlen / Daun
Telefon: +49 (0) 6592 957389-0
www.kynos-verlag.de

Gedruckt in Lettland

ISBN 978-3-95464-335-6

Titelbild und Grafiken: Foto Gisela Rau, grafische Gestaltung Nicole Hilgers
Bildnachweis: Fotos Susanne Allgeier außer: S.66 Dietmar Kury; S. 50 sabbir-stock.adobe.com; S. 53 dblumenberg-stock.adobe.com; S. 57 calage-stock.adobe.com; S. 107, 132 Knut-stock.adobe.com; S. 119 Krakenimages.com-stock.adobe.com; S. 156 i_mARTy-stock.adobe.com;

KYNOS STIFTUNG

Mit dem Kauf dieses Buches unterstützen Sie die
Kynos Stiftung Hunde helfen Menschen
www.kynos-stiftung.de

„Warte nicht, bis alles perfekt ist. Es wird niemals perfekt sein. Es wird immer Herausforderungen, Hindernisse und nicht optimale Bedingungen geben. Na und? Fang jetzt an. Mit jedem Schritt, den du unternimmst, wirst du stärker und stärker, immer geschickter, immer selbstbewusster und immer erfolgreicher."

Mark Victor Hansen

Inhaltsverzeichnis

Vorwort

von Dr. Viviane Theby

Seit vielen Jahren befasse ich mich schon mit der Ganzheitlichkeit. Das fing in der Landwirtschaft an und hat natürlich auch auf das Hundetraining „abgefärbt". Wir können uns selbst nicht außen vor lassen, wenn wir das Verhalten der Hunde verändern wollen. Alles ist mit allem verbunden. Wenn wir das beachten, so stelle ich immer mehr fest, haben wir viel schnellere und nachhaltigere Erfolge.

Sehr spannend fand ich, dass ich über die Feinheiten im Training zu dieser Erkenntnis und dieser Entwicklung kam, während Susanne aus einer völlig anderen Richtung kam. Aber wir haben uns am selben Punkt getroffen. Das „Training zwischen den Zeilen" beschreibt sehr schön, dass es im Zusammensein mit den Hunden auf weit mehr ankommt, als „nur" zur richtigen Zeit am richtigen Ort Leckerchen zu geben.

Die Autorin nimmt einen mit auf eine Reise, bei der man sich seiner selbst immer mehr bewusst wird. „Was macht denn dein rechter Arm?" Indem man sich immer bewusster wird, was der eigene Körper tut, schärft man auch seinen Blick für das Verhalten des Hundes. Indem wir unser eigenes Verhalten besser beobachten und feststellen, dass wir auch vieles sehr unbewusst tun, bekommen wir auch mehr Verständnis für den Hund.

Sie lädt uns aber auch ein, doch mal die Perspektive zu wechseln. Dabei erinnerte ich mich wieder daran, wie Susanne das mit uns mal in einem Training geübt hatte. Wir durften unseren Hund spielen. Das hat nicht nur überaus viel Spaß gemacht, sondern war super lehrreich. Wir bekamen einen Eindruck für die Welt aus der Sicht des Hundes. Besonders hilfreich finde ich die Aha-Übung, die ich in meinen Werkzeugkoffer übernommen habe. Vielen Dank, liebe Susanne!

Sich über die eigenen Bedürfnisse und die des Hundes Gedanken zu machen, ist auch sehr aufschlussreich. Wie oft stülpen wir unsere Bedürfnisse unseren Hunden über? Diese Aufgabe erfordert Ehrlichkeit und Selbstreflexion. Da sind wir wieder bei der Ganzheitlichkeit. Wir dürfen uns aus der Geschichte des Hundes nicht außen vor lassen. Zwar ist es auch oft eine bittere Erkenntnis, wenn wir dann feststellen, dass wir vielleicht sogar die Ursache für das Problem unseres Hundes sind. Aber wie heißt es so schön: Selbsterkenntnis ist der beste Weg zur Besserung.

In „Hundetraining zwischen den Zeilen“ werden wir aber ganz behutsam diesen Weg der Selbsterkenntnis geführt und die Erfolgserlebnisse helfen beim Durchhalten. Sehr gefallen haben mir die vielen persönlichen Geschichten. Ich erkenne mich in so vielem wieder und bekomme das beruhigende Gefühl, dass da jemand ist, der mich versteht. Überhaupt spielt in diesem Buch das Verständnis füreinander eine große Rolle. Auch das liest man überall zwischen den Zeilen. Insgesamt kommt in mir etwas die Hoffnung auf eine bessere Welt auf, wenn möglichst viel umsetzen, was in den Zeilen in diesem Buch steht.

Sehr spannend fand ich meine Reaktion auf viele Sätze im Buch: „Das hätte ich geschrieben haben können!“ Und damit schließt sich der Kreis: Wir kommen aus völlig verschiedenen Richtungen zum selben Ergebnis. Das macht eine Tatsache für mich sehr viel glaubhafter. Es ist als was dran an dem, dass wir uns mit uns selbst beschäftigen dürfen, um das Verhalten der Hunde zu verstehen und zu ändern. Letztendlich lernen wir dadurch von den Hunden und bilden uns doch oft ein, wir würden ihnen etwas beibringen.

Ich wünsche allen Lesern viele Erkenntnisse, am Ende wertvolle Erfahrungen und dir, liebe Susanne, danke, dass wir gefühlt am selben Strick ziehen!

Dr. Viviane Theby

Einleitung

Die Stimmung war ruhig, die Dreisam, unser Fluss hier in Freiburg, floss friedlich vor sich hin. Ich hing meinen Gedanken nach und vertraute darauf, wie auf jedem Spaziergang, dass meine beiden Hunde Fitz und Doolittle in meiner Nähe blieben. Das taten sie immer. Ein gutes Gefühl, dieses Vertrauen zu haben.

Ein Impuls kam bei mir an, dass ich Kontakt zu den beiden aufnehmen sollte. Also drehte ich mich um und sah nur Fitz, die treue Seele. Doolittle war verschwunden. Wo war der Kerl nur?

Fitz, ein sanftmütiger, schwarzer Labrador, schaute mich fragend an, da ich bereits leicht nervös wurde. Doolittle war nicht zu sehen. Viele Gedanken schossen gleichzeitig durch meinen Kopf. Ich konnte mich nicht entscheiden, ob ich wütend werden oder in Panik verfallen sollte. Jedenfalls rief ich nach ihm. Keine Reaktion. Das steigerte meine Nervosität doch sehr.

Wenn du gewohnt bist, dass dein Hund immer dabeibleibt, ist es verdammt merkwürdig und auch furchteinlösend, wenn er einfach weg ist.

Doolittle war ein cremefarbener Schafpudel, der schon immer wieder seinen ganz eigenen Kopf hatte, was als Altdeutscher Hütehund nicht verwundert. Doch so einfach weg …

Mein Rufen wurde hektischer, meine Verfassung unsicherer. Die Angst überwog inzwischen und ich wollte nur noch, dass er wieder auftaucht. Nach einer gefühlten Ewigkeit kam er – woher, kann ich mich nicht mehr wirklich erinnern. Und er hatte ein riesiges Stück geräucherten Schinken im Maul.

Meine Anspannung löste sich und ich wusste nicht, wie ich reagieren sollte.

Dadurch, dass er ja nun wieder da war, kam auch meine Wut wieder zurück. „Der spinnt wohl, einfach wegzulaufen."

Was tun in dieser Situation?

Ein Blick in die Augen dieser Hundepersönlichkeit half mir sofort und es gab nur noch eine Möglichkeit für mich, wie ich auf dieses Verhalten reagieren konnte. Sein Blick strotzte vor Stolz und mit genau dieser Körper-

haltung streckte er mir dieses Stück Schinken entgegen. Ich fand es eklig – richtig eklig, und doch nahm ich ihm das Teil ab und lobte ihn dafür, dass er es mir gebracht hatte. In mir entstand das Gefühl, er ist wohl der Meinung, dass er etwas zu unserem Abendessen beigetragen hatte. Das erfüllte ihn offensichtlich mit diesem unbändigen Stolz, der in seinen Augen und seiner ganzen Körperhaltung zu lesen war.

Ich trug das Schinkenstück noch ein paar hundert Meter mit, bevor ich es im Gebüsch entsorgte. Dann, als ich mir sicher war, dass es ihm nicht mehr wichtig war. Sein Vertrauen in mich war offensichtlich hoch, da er sehr schnell keinen Fokus mehr darauf legte, was ich mit unserem „Abendessen“ machte.

Warum erzähle ich dir diese Geschichte? Sie hatte mich damals sehr berührt. Auch meine Reaktion hatte mich berührt. Es gab sehr unterschiedliche Möglichkeiten, wie ich auf sein Verhalten hätte reagieren können. Hätte ich darüber nachgedacht, wäre mir auf keinen Fall auch nur im Ansatz in den Sinn gekommen, ihn dafür zu loben. Wenn mir jemand diese Geschichte erzählen würde, wäre ich wohl auch eher vorsichtig, ob das die richtige Reaktion war.

Für diesen Moment und für diesen Hund war es aber die absolut richtige Reaktion. Es hatte im weiteren Verlauf seines Lebens keinen negativen Einfluss auf den Rückruf und in dieser Art ist er nie mehr weggelaufen. Er hat also nicht daraus geschlossen, dass das ein lohnenswertes Verhalten ist, obwohl er dafür gelobt wurde und ich mich gefreut habe (so gut es eben ging). Was ich mitbekommen hatte, war ein Hund, der gesehen werden wollte, wie er etwas Großartiges gefunden hatte. Ich ließ ihm dieses Gefühl, weil es ihm wichtig war. In mir tobte noch immer das Adrenalin, doch ich konnte sehen, dass seine Emotion gerade mehr Raum brauchte als meine.

Ob ich heute nochmal so reagieren könnte, weiß ich gar nicht. Es war wohl eine Eingebung, die es mir ermöglichte, meine Angst und Wut zu kontrollieren und nicht auf ihn zu projizieren.

Darum geht es in diesem Buch – um das „Hundetraining zwischen den Zeilen“. Es lässt sich nicht immer rational beschreiben oder ergründen, warum wir gerade auf die eine oder andere Art reagieren. In jedem Fall kommunizieren wir auf ein Kommunikationsangebot unserer Hunde.

Im Laufe unseres Lebens haben wir Erfahrungen gesammelt, haben Glaubenssätze entwickelt, haben uns immer wieder verändert und auch angepasst. Wir befinden uns in einem permanenten Lernprozess und ich ziehe meinen Hut vor meinen Hunden und der Geduld, die sie mit mir aufbringen und aufgebracht haben.

Die Geschichte mit Doolittle war eine meiner Lektionen in meinem Leben, in denen ich Geduld, Einfühlungsvermögen und genaues Hinschauen lernen durfte. Und darüber hinaus durfte ich die Komplexität meines Gegenübers und auch meiner eigenen Wenigkeit erkennen.

Hunde sind wunderbare Lehrmeister, wenn wir sie als solche sehen lernen. Lass dich ein auf die Reise. Sie führt dich direkt in die Seele deines Hundes. Dort angekommen, wird er deine Seele berühren und ihr werdet den Weg in eine unvergleichliche Beziehung finden. Eine Beziehung, die nur ihr beide führen könnt, da es euch jeweils nur einmal gibt und ihr ein einzigartiges, WUNDERbares Team seid.

Wir befinden uns in einem permanenten Lernprozess und unsere Hunde sind wunderbare Lehrmeister.

*„Wir brauchen viele Jahre, bis wir verstehen,
wie kostbar Augenblicke sein können."*

Ernst Ferstl

Wie das Buch aufgebaut ist

Dieses Buch ist in drei Teile gegliedert.

Im ersten Teil lenken wir den Blick erst einmal hin zu dir. Du bist ein wichtiger Part eures Teams und machst immerhin fünfzig Prozent aus, was heißt, dass ich dich in der Betrachtung auf keinen Fall außen vor lassen kann. Genau betrachtet macht dein Anteil sogar mehr als die Hälfte aus, da dein Hund von dir lernt und du ihm Dinge beibringen möchtest, die euren Alltag erleichtern.

Wie lernst du dich und dein Verhalten ein bisschen besser kennen, was sind deine Bedürfnisse in der Beziehung mit deinem Hund, wie gelingt es dir, bei allen Herausforderungen, die der Hundealltag mit sich bringt, ruhig zu bleiben?

Manchmal ist es gut, sich nicht allzu sehr auf seinen Kopf zu verlassen und ab und an auf sein Gefühl zu hören. Wie gehst du damit um, wenn dein Kopf zu laut wird und dein Gefühl erst dann wieder Raum findet, wenn du dich überfordert oder gar hilflos fühlst?

Wir können lernen, der eigenen Intuition wieder sehr viel mehr zu lauschen. Natürlich gibt es auch schon im ersten Teil immer wieder einen Blick in die Welt aus Sicht des Hundes und das Hundetraining zwischen den Zeilen.

In Teil zwei geht es um Kommunikation.

Wie kommunizierst du und wie kommuniziert dein Hund? Wir steigen ein in die Welt aus Sicht deines Hundes und was es braucht, um die Perspektive in das, wie dein Hund die Dinge betrachtet, wirklich wechseln zu können.

Verstehen wird dann leicht, wenn du dich in dieses Wesen Hund wirklich hineinversetzten kannst. Was sind seine Bedürfnisse und was ist seine Motivation?

Schlussendlich geht es darum das eigene Verhalten zu verändern, damit sich das Verhalten des Hundes verändern kann.

Und schlussendlich geht es darum, das eigene Verhalten zu verändern, damit sich das Verhalten des Hundes verändern kann.

Im dritten Teil des Buches nehme ich dich spielerisch mit in die Welt aus Sicht deines Hundes. Vielleicht fällt dir auf, dass du immer wieder formale Lösungen suchst, die Rezepten gleichen und die du gerne aufgezeigt bekommen möchtest. Lösungen, die unser Gehirn leicht erfassen kann und für die es einfache Erklärungen gibt.

Doch so funktioniert Leben nicht. Leben – auch das mit Hund – ist komplex und erfordert Flexibilität und Anpassung. Du brauchst die Wahrnehmung dafür, was im Hier und Jetzt um dich herum passiert. Nur so kannst du tatsächlich präsent sein und sowohl dir als auch deinem Hund das Lernen so leicht wie nur möglich machen.

Wie lernst du ganz einfach, Zugang zu deinen Ressourcen zu gewinnen? Ihr stärkt eure Resilienz und du bekommst einen Eindruck, wie du sowohl dich als auch deinen Hund in deinem und seinem Verhalten regulieren kannst. Welche Ressourcen bringt dein Hund mit in eure Beziehung ein? Es ist total spannend, wie du spielerisch Zugang in die Welt aus Sicht deines Hundes bekommst.

Alles, was dazu nötig ist, ist ein kleines bisschen Mut und die Entscheidung, dich einzulassen. Ich wünsche dir schon jetzt viel Vergnügen in diesem Teil.

„Frei zu sein bedeutet nicht nur, seine eigenen Fesseln zu lösen, sondern ein Leben zu führen, das auch die Freiheit anderer respektiert und fördert."

Nelson Mandela

Wie alles begann

Es ist meine Wahrnehmung, die ich schildere. Meine Eltern und vielleicht jeder andere Mensch hätten die Dinge anders wahrgenommen. Doch für mich geht es um mich und mein Empfinden. Da es lange gedauert hat, bis mir das klar war, möchte ich es gerne mit dir teilen.

Schon sehr früh – vermutlich schon, als ich auf die Welt kam, hatte ich das Gefühl, dass ich zu viel bin. Ich wurde wenig gesehen und gehört. Das führte dazu, dass ich mich mit neun Monaten auch wieder verabschieden wollte. Die Medizin machte es möglich, dass ich mich doch entschieden hatte, zu bleiben. Ich bin ja da. Doch irgendwie blieb es schwierig für mich.

Ich lernte sehr genau zu spüren, wie ich mich am besten verhalte, damit ich so wenig wie möglich auffalle. Das ist mir nicht wirklich gut gelungen. Was ich jedoch schaffte: Ich zog mich sehr weit in mich zurück. Menschen fand ich seltsam, also wünschte ich mir ein Tier.

Ich stellte fest, dass die Aussagen und Antworten, die ich von Terry bekam, belastbar waren.

Nachdem ich meinen Vater breitschlagen konnte, einen Katzenwelpen mitzunehmen, als wir bei Verwandten waren, wurde meine Mutter sozusagen überrumpelt mit der Tatsache, dass fortan eine Katze bei uns wohnen würde. Damals war ich vier oder fünf.

Jetzt hatte ich jemanden, den ich verstehen lernen konnte. Der Kater, „Terry“ hieß er, eine getigerte Hauskatze, wurde mein erster echter Freund. Recht wild, genau nach meinem Geschmack. Irgendwie war ich ja auch wild, konnte es aber nicht in einem vernünftigen Maß so zeigen.

Ich stellte fest, dass die Aussagen und Antworten, die ich von Terry bekam, belastbar waren. Streichelte ich ihn an Stellen, die er nicht berührt haben wollte, packte er zu, wenn ich mich von zurückgelegten Ohren und einem Knurren nicht abhalten ließ. Ich lernte also, wie ich gut mit dem Kater kommunizieren konnte.

Meine Mutter meinte damals, dass ich mit ihm Dinge anstellen konnte, die würde sie sich bei weitem nicht trauen.

Das waren meine ersten Erfahrungen mit interartlicher Kommunikation. Sie gefiel mir – total.

Bei Menschen fehlte mir diese Belastbarkeit im Kontakt. Ja, Nein, Vielleicht – alles verschwamm häufig ineinander und ich konnte es nicht auseinanderhalten. Verbale, menschliche Sprache war also schwierig für mich.

Doch es gab auch Stimmungen zwischen uns Menschen, auf die ich sehr sensibel reagierte. Ich lernte diesen Stimmungen zu folgen. Später lerne ich, dass diese Stimmungen sehr viel mit der Authentizität eines Menschen zu tun hatten.

Gleichzeitig lernte ich, dass es Menschen wichtig ist, dass ihre Bedürfnisse erfüllt werden. Das war eine perfekte Überlebensstrategie. Wenn ich die Bedürfnisse anderer zu erfüllen versuchte, fühlte ich mich sicherer.

Allerdings hatte das einen Preis. Ich musste dafür meine eigenen Bedürfnisse hintenanstellen. Heute weiß ich, dass dieser Preis enorm hoch war, doch er lehrte mich, meine Perspektive hintenanzustellen und mich in die Perspektive eines anderen hineinzuversetzen.

Viele, viele Jahre lang dachte ich, dass das jeder kann, weil es für mich total einfach ist. Auch hier weiß ich heute, dass es sich anders verhält.

Als ich professionell mit Hunden zu arbeiten begann, machte mir genau diese Fähigkeit die Arbeit sehr leicht.

Ich hatte meine Leidenschaft gefunden.

Leider fiel mir auch hier erst viele Jahre später auf, dass ich noch immer nicht aus meinem Schneckenhaus herauswollte. Ich versteckte mich hinter den Hunden und wollte noch immer wenig mit Menschen zu tun haben. Obwohl, ich wollte schon, war aber immer wieder sehr irritiert, weil ich nicht wusste, worauf ich wirklich vertrauen konnte.

Richtig aufgefallen ist mir das, als ich zu Kunden kam und der Hund noch auf einer Gassirunde unterwegs war. Ich kam mir irgendwie verloren vor, da das Bindeglied zwischen mir und den anwesenden Menschen fehlte.

Ich versuche, Hunden Gehör zu verschaffen und dass sie gesehen werden. Dabei ist es in Wahrheit so, dass ich das sehr gerne auch für mich hätte.

Da mir dies seit geraumer Zeit bewusst ist, kann ich offen darüber sprechen. Und je öfter ich darüber spreche, desto mehr erfahre ich, dass es viele Menschen gibt, die sich lieber mit Tieren beschäftigen als mit Menschen, da Menschen so schwierig sind.

Durch meine Hunde und auch die vielen Hunde, die ich bisher kennenlernen durfte, habe ich mich viel mehr sehen gelernt und höre inzwischen sehr genau hin, wenn innere Stimmen in mir auftauchen.

Mein Ziel ist, mich völlig frei zu fühlen und mich selbst sehen und hören zu können, ohne dass ich einen Hund dafür brauche. Ohne mich dahinter zu verstecken, wie ich es viele Jahre lang getan habe. Das befreit auch meine Hunde. Ich bin sehr gespannt, welche Reise das Leben für mich noch hat.

Ich teile sehr gerne mit dir meinen Erfahrungs- und Wissensschatz, wie du in die Welt aus Sicht deines Hundes eintauchen kannst, zwischen den Zeilen kommunizierst und so viel mehr als gedacht über ihn, über dich und das Leben lernen kannst.

„Es gibt Wichtigeres im Leben, als beständig seine Geschwindigkeit zu erhöhen."

Mahatma Gandhi

Teil 1

Der Blick zu dir

Petra ist seit kurzem bei mir im Training. Sie hat einen sechsjährigen Rüden aus dem Tierschutz übernommen und sich damit einen Lebenstraum erfüllt. Es ist der erste Hund, der bei ihr und ihrem Mann einzieht.

Der Anfang war nicht so ganz einfach, da die beiden wenig über das bisherige Leben von Paul wissen, doch er zeigt sehr deutlich, dass er es nicht mag, wenn jemand in irgendeiner Art und Weise an seinem Körper manipuliert. Dabei zeigt er auch keine Hemmung, seine Zähne einzusetzen.

Trotz der anfänglichen Schwierigkeiten entscheiden die beiden, dass Paul auf jeden Fall bleiben wird und sind sehr entschlossen, zunächst genügend gegenseitiges Vertrauen zu schaffen.

Ich zeige Petra, wie sie Paul an ihre rechte Seite holen kann, indem ich ihn mit Futter an meine Seite locke. Dabei erkläre ich genau meinen Bewegungsablauf. Petra macht sich motiviert daran, diese Übung selbst umzusetzen. Doch Paul ist verwirrt und Petra wirkt etwas verzweifelt. Ich sehe, dass die Hand von Petra zu weit von Pauls Schnauze entfernt ist, um ihn wirklich gut locken zu können.

Trotz mehrmaligen Erklärens ändert sich Petras Bewegungsablauf nicht. Ich sage, sie soll eine kurze Pause machen und frage sie, ob sie Angst davor hat, dass die Hundeschnauze sehr nah an ihre Hand herankommt. Das ist für mich die einzige mögliche Erklärung, warum sich der Bewegungsablauf nicht verändert. Paul knabbert ganz leicht an der Hand beim Locken, um an das Futter zu kommen. Mir fiel das kaum auf, doch vielleicht vermied Petra genau das.

Kaum habe ich meine Frage zu Ende gestellt, bricht es auch schon aus ihr heraus, wie es war, als sich Paul am Anfang das Geschirr nicht anziehen ließ und er sie dann gebissen hat. Obwohl ich die Geschichte schon kenne, gebe ich ihr nochmal genau den Raum, den es ganz offensichtlich braucht. Ja, sie hat Angst, wenn die Schnauze zu nah an ihre Hand herankommt.

Sie ist völlig verwundert über sich selbst, da ihr gar nicht aufgefallen war, dass sie unsicher ist und deshalb die Hand weiter von Pauls Fang entfernt hält. Schließlich war sie damit beschäftigt, die Übung so gut wie möglich umzusetzen.

Ich unterstütze sie darin, ihre Unsicherheit – oder vielleicht ist es auch Angst – deutlicher wahrzunehmen und die Angst auch ernst zu nehmen und nicht einfach darüber hinwegzugehen. Schließlich ist sie da und möchte gesehen oder wahrgenommen werden.

Nachdem wir das geklärt haben und Petra sich selbst gut sehen kann, wie es ihr gerade geht, lächle ich sie an und sage: Dann gehen wir einfach noch einen oder mehrere Trainingsschritte zurück und starten da. Ich zeige Paul, wie er an Futter kommt, wenn er den Fang ein Stückchen von meiner Hand entfernt hält. Das versteht er in kürzester Zeit, sodass auch Petra diese Übung mit ihm machen kann, da die Schnauze nicht mehr direkt an die Hand herankommt.

Es war wichtig, genau hinzuschauen und innezuhalten, damit Petra die Möglichkeit hatte, sich auf sich selbst zu konzentrieren. Ansonsten wären wir alle drei in kurzer Zeit frustriert gewesen, weil die Übung bei ihr nicht funktionierte.

In Teil 1 dieses Buchs starten wir die Reise in das Hundetraining zwischen den Zeilen und die Welt aus Sicht des Hundes zunächst bei dir. Es ist enorm wichtig, zuerst einmal bei dir selbst anzukommen, bevor du deinen Blick nach außen schweifen lässt. So auch hin zu deinem Hund.

> Bist du zu sehr bei deinem Hund und zu wenig bei dir, kann es leicht passieren, dass dein Verhalten durch sehr viele unbewusste Handlungen beeinflusst wird.

Die kleine Geschichte oben, die aus meiner Praxis stammt (lediglich die Namen sind geändert) zeigt dir, wie wichtig es ist, zuerst gut genug bei dir selbst zu sein. Bist du zu sehr bei deinem Hund und zu wenig bei dir, kann es leicht passieren, dass dein Verhalten durch sehr viele unbewusste Handlungen beeinflusst wird. Dadurch wird es schwer, dein Ziel zu erreichen.

Um deinen Hund wirklich verstehen zu können, darfst du lernen, dich auf ihn einzulassen und seine Perspektive einzunehmen. Wirklich einen Perspektivenwechsel zu vollziehen ist komplex und kann zu Erkenntnissen führen, die du zunächst nicht anerkennen möchtest. Doch es lohnt sich, das, was ist, wahrzunehmen – sowohl bei dir als auch bei deinem Hund.

Zwischen den Zeilen dieses Buches geht es immer wieder darum zu lernen, die Perspektive deines Gegenübers einzunehmen und zu spüren, was es in dir auslöst. Ich wünsche dir von Herzen viel Freude dabei.

„Nicht das, was wir erleben, sondern wie wir empfinden, was wir erleben, macht unser Schicksal aus.“

Marie von Ebner-Eschenbach

Perspektivenwechsel – eine erste Bestandsaufnahme

Die Perspektive zu wechseln und die Welt wirklich aus Sicht des Hundes zu sehen, erfordert tatsächlich Mut.

Wir können uns auf den Boden begeben und auf Händen und Knien die Welt betrachten. Dann sehen wir die Welt aus der Sichthöhe, wie sie der Hund sieht.

Perspektivenwechsel an sich geht allerdings noch sehr viel weiter. Viviane Theby fragte mich mal in einem Podcast-Interview: „Wäre es für einen anderen Menschen möglich, ein Problem zu lösen, wenn er sich in mich hineinversetzt – also meine Perspektive auf das Problem des Hundes einnimmt?“

Ich musste ein wenig schmunzeln und sagte: „Ja, das wäre möglich, wenn der Mensch denkt wie Viviane, fühlt wie Viviane und wenn er deine innere und äußere Körperhaltung annimmt, dann schon.“

Über diese Frage war ich sehr glücklich, denn sie zeigt, welch große Herausforderung es darstellt, wirklich die Perspektive zu wechseln.

Sich in den Hund hineinzufühlen kann manchmal auch schmerzhaft sein. Als ich Godiva, meine Hündin, kennen lernte, zeigte sie im Tierheim täglich autoaggressives Verhalten. Sie drehte sich wie ein Derwisch im Kreis und packte in ihre Rute. Die Rute ist aufgrund solcher Attacken mehrfach gebrochen.

Auf einem unserer Spaziergänge – ich besuchte sie über mehrere Wochen fast täglich im Tierheim und wir verbrachten einfach Zeit miteinander – setzte ich mich auf einen Stein und legte meine Hand an ihre Seite.

Ich fühlte mich in sie hinein und der Schmerz, den sie erlitten hatte, übertrug sich auf mich. Ich konnte ihn fühlen. Selbst jetzt, wenn ich daran denke, verfalle ich sofort in Demut, was diese Hündin angeht.

Ihre Geschichte kenne ich nicht, brauche sie auch nicht zu wissen, denn der Schmerz ist spürbar.

Sie konnte das ein oder andere nicht, war häufig überfordert und dissoziierte sehr schnell, wenn es stressig wurde.

Mein Gedanke war, dass ich ihr helfen möchte, zu der Hündin zu werden, die sie eigentlich ist. Ein gutes Stück Weg, das vor uns lag. Sie zu befreien von den Überforderungen, den Ängsten und auch den daraus resultierenden Verhaltensweisen.

Ich wusste nicht, ob ich das schaffen kann. Ob ich die richtige Person bin, die ihr das zeigen kann. Es wird mich sehr herausfordern. Was es auch tatsächlich getan hat und zum Teil noch immer tut. Inzwischen bin ich sicher, dass sie genau deshalb in meinem Leben aufgetaucht ist, damit wir das zusammen lernen dürfen. Unsere Ängste, unsere Überforderungen und auch unser dissoziatives Verhalten zu verändern.

Sich in den Hund hineinzufühlen kann manchmal auch schmerzhaft sein.

Wir gehen die Schritte, die für uns beide richtig sind. Mal ist sie gefordert und mal ich. Sie ist eine sehr gute Lehrmeisterin, wenn es um Überforderung geht. Dazu lerne ich enorm viel von ihr. Sie sagt einfach STOPP. Dann geht nichts mehr. Das versuche ich für mich umzusetzen und bin wahrlich eine schlechte Schülerin. Doch ich werde besser.

Die „Aha"-Übung

Nun nehme ich dich ganz konkret mit in die Welt aus Sicht deines Hundes. Manchmal hast du vielleicht eine ganz konkrete Vorstellung, wie eine bestimmte Situation ablaufen soll. Oder du machst dir gar keine Gedanken, wie es laufen soll. Kann sein, dass du dich dann ärgerst oder überrascht bist oder aber es schaffst, entspannt zu bleiben. Gratulation, Entspannung ist klasse.

Nehmen wir ein Beispiel: Du gehst mit deinem Hund raus. Schon beim Leineanziehen ist er nervös. Sobald ihr zur Haustür raus seid, schaut er sich hektisch oder neugierig um und zieht an der Leine.

Falls du diese Situation kennst, steigen in dir bestimmt sofort Gefühle und Gedanken auf. Es kann Ärger sein, vielleicht auch Unverständnis, weil er das inzwischen doch können müsste. Schließlich hast du schon ausreichend Zeit in dieses Training investiert.

Es kann auch sein, dass du dich hilflos oder ein wenig überfordert fühlst, da dir der Arm wehtut oder du befürchtest, dass er gleich zu bellen anfängt, falls ein Hund auftaucht.

Die Reaktionen können sehr unterschiedlich sein. Die Reaktion, die bei dir kommt, ist die richtige, denn es ist deine.

Geh mal mit der Vorstellung raus, dass dein Hund nichts muss – all sein Verhalten ist „richtig". Er ist hektisch, er zieht an der Leine, vielleicht bellt er auch, was auch immer ihm einfällt, es ist o. k.

Jetzt kommt die große Herausforderung: Bei allem, was er tut, sagst du „Aha". Du kannst dazu auch kurz stehen bleiben. Sage ruhig „Aha" vor dich hin.

Aus Sicht des Hundes macht er nichts falsch. Hunde sind an der Stelle wunderbar. Sie denken nicht im Detail darüber nach, sie tun einfach. Spüre bei jedem „Aha" in dich hinein. Was passiert? Macht es dich wütend, entspannt es dich, wirst du nervös? Das Gefühl, das kommt, ist richtig. Du bist auf der Straße angekommen, hast ein paar „Ahas" gesagt oder gedacht, dann gehst du wieder rein.

Das Ganze startest du noch einmal.

Schau dir heute mal draußen das Verhalten deines Hundes an und sage bei allem, was er tut, nur „Aha".

Wichtig ist wirklich, dass du erst einmal nicht bewertest, was dein Hund gerade macht. Du nimmst es mit einem „Aha" einfach nur zur Kenntnis.

Wenn dein Kopf dir sagt, dass dies oder jenes denken müsstest, dann lass ihn einfach plappern. Der macht das den lieben langen Tag, der kann das auch mal ein paar Augenblicke ohne deine Aufmerksamkeit zu bekommen. Für dich ist an der Stelle nur wichtig, welches Gefühl in dir entsteht.

Diesen Ablauf wiederholst du drei oder vier Mal. Danach geht ihr einfach los auf eueren Spaziergang, den ihr dann so absolviert, wie immer.

Wieder zuhause angekommen, kannst du gerne aufschreiben, welche Gefühle bei den „Ahas" in der aufgestiegen sind. Vielleicht magst du auch ein Bild dazu malen oder etwas basteln. Du kannst es auch einfach so ein wenig nachwirken lassen. Finde den Weg, der für dich gut ist, um dich noch einmal in die Situation hineinzuversetzen.

Auf welches Verhalten deines Hundes kam bei dir ein „Aha"? Konntest du deinem Verstand eine kleine Auszeit gönnen und dich für die kurze Zeit auf dich konzentrieren? Gab es eine Veränderung nach dem dritten oder vierten Mal rausgehen?

Das sind nur Vorschläge. Nimm die Fragen, die für dich wichtig sind und beantworte sie. Und dann führe den restlichen Tag so weiter, wie immer.

Am nächsten Tag nimmst du dir wieder einen Spaziergang, an dem du die Übung wiederholst. Vielleicht stellt sich schon eine Veränderung ein. Vielleicht hast du das Gefühl, dass sich nichts verändert. Das ist an dieser Stelle völlig egal.

Es geht darum, zunächst einfach einmal wahrzunehmen, was ist. Welche Gefühle in dir entstehen. Alles ist richtig und nichts bekommt eine Bewertung.

Solltest du ins Bewerten kommen, dann sage einfach „Aha" – schau mal an, ich bewerte gerade.

Eventuell bist du es so sehr gewohnt, gleich alles zu bewerten, dass du das gar nicht abstellen kannst.

Zu diesem Zeitpunkt ist es wenig hilfreich, zu bewerten, deshalb gilt es zunächst einmal, eine Wahrnehmung dafür zu bekommen, dass es überhaupt passiert. Je öfters es dir auffällt, desto eher kannst du dir sagen – „Aha" gerade habe ich wieder bewertet oder wollte wissen, warum mein Hund sich so oder so verhält.

Du darfst das alles zu einem späteren Zeitpunkt tun. Jetzt geht es darum, eine Bestandsaufnahme zu machen. Je geübter du in der Übung bist, desto mehr Verhalten kannst du dir bewusst aussuchen, die du erst einmal wahrnehmen lernst.

Ich hoffe sehr, dass du Spaß daran findest, dich immer wieder auf diese wunderbare Übung einzulassen.

Inzwischen kennst du sowohl dich als auch deinen Hund schon sehr viel besser. Schließlich bist du auf Entdeckungsreise. Vielleicht magst du es auch Abenteuerreise nennen oder ganz anders. Such dir gerne ein Wort dafür aus.

„Gib das, was dir wichtig ist nicht auf, nur weil es nicht einfach ist."

Albert Einstein

Raus aus dem Kopf

Der Alltag fordert von uns sehr häufig viel Kopfarbeit ab. Deshalb stellt es eine wirkliche Herausforderung dar, mal aus unseren Gedanken herauszugehen. Die Aha-Übung kann dir dabei eine große Hilfe sein. Mir zumindest ist sie es.

Manchmal wundert mich ein Verhalten, ich finde es seltsam oder es löst Ärger, Sorge oder Unsicherheit in mir aus. Bevor ich mich diesen aufsteigenden Gefühlen hingebe, sage ich mir „Aha". Das hilft mir sofort, mich zu entspannen.

Ob das Verhalten von einem Tier kommt oder von einem Menschen, spielt gar keine Rolle. Das Gefühl entsteht in mir, egal von wem ein für mich seltsames oder unerwünschtes Verhalten ausgeht.

Möchtest du Ärger, Sorge oder Unsicherheit empfinden? Wohl kaum, wenn du dich bewusst dafür entscheiden könntest. Haben sich diese unangenehmen Gefühle erst einmal in dir ausgebreitet, ist es schwierig, sie wieder zu stoppen. Bis sie sich dann wieder verabschieden, dauert es eine ganze Zeit.

Viel schöner sind Gefühle der Entspannung und der Ruhe, die sich in dir ausbreiten. Um in Entspannung zu kommen und auch zu bleiben, braucht es Übung.

Vielleicht gehörst du zu den Menschen, die schnell eine Lösung für ein Problem haben möchten. Das kann ich sehr gut verstehen. Du fokussierst dich also auf die Lösung, die auftauchen soll.

Manchmal möchte allerdings das Problem gesehen werden. Da das oft mit emotionalem Schmerz verbunden ist, möchtest du schnell weg vom Problem und hin zur Lösung.

Dein Kopf denkt viel und du suchst dir Hilfe. Du bekommst viel Wissen über Hunde geboten. Inzwischen gibt es so derart viele Trainingsmethoden im Bereich der Hundeerziehung und Verhaltensberatung, dass es sehr unübersichtlich ist, was jetzt genau zu dir passt.

Hast du ein manifestes Problem mit deinem Hund, so rate ich dir dringend, professionelle Hilfe dazu zu holen. Die Hilfe darf zu dir und deinem Hund passen. Auch hier ist es ein gutgemeinter Rat eher auf dein Bauchgefühl zu hören als auf das, was dein Kopf an Worten aufnimmt.

> Dein Hund macht nichts absichtlich falsch.

Unsere Intuition ist klüger als unser Verstand. Hast du ein gutes Bauchgefühl, dann nimm deinen Kopf mit dazu und schau, ob auch das angebotene Wissen zu dir und deinem Hund passt. Es ist leicht, sich auf das intuitive Gefühl einzulassen, jedoch nicht immer einfach.

Dein Hund macht nichts absichtlich falsch – davon bin ich zu hundert Prozent überzeugt. Vielleicht bringt er eigene Ideen ein und findet die auch richtig, aber absichtlich wird er dir keine Fehler anbieten. Deshalb ist es gut, sich sofort von dem Gedanken zu verabschieden, dass du irgend etwas persönlich nehmen solltest, was dein Hund dir signalisiert.

Manches hat er noch nicht gelernt oder vielleicht hat er eine falsche Verknüpfung hergestellt. Machen wir uns also auf den Weg und finden heraus, woran es hapert und schauen uns das Problem genauer an.

Beobachten

Der erste Schritt: Beobachte deinen Hund einfach nur. Das sagt sich einfach, kann allerdings schnell zur Herausforderung werden. Vorhin hast du gelesen, dass wir Menschen schnell dazu tendieren, die Lösung haben zu wollen. Hier geht es nicht um die Lösung, sondern um einfache und schlichte Beobachtung.

Du möchtest deinen Hund zum Beispiel zurückrufen. In deinem Kopf entsteht das Bedürfnis zu rufen, weil Personen entgegenkommen. Gedacht, und schon purzeln die Worte aus dir heraus.

Dein Hund kommt nicht. Er reagiert nicht einmal auf dein Rufen. Du rufst nochmal, etwas lauter und hektischer. Die Personen kommen näher, der Druck in dir wächst. Vielleicht fängst du auch an zu schimpfen. So oder so ähnlich habe ich diese Situation schon mannigfach gesehen.

Selbst kenne ich auch, dass meine Hündin nicht zurückkommt, wenn ich sie rufe. Jeder kennt das – du bist also nicht allein. Der Unterschied liegt darin, wie du, ich oder jeder andere ganz individuell damit umgeht.

Wir drehen zurück auf Anfang bzw. warten auf die nächste Situation, in der dein Hund zurückkommen soll. Bevor du nun rufst, schau, mit was dein Hund gerade beschäftigt ist. Rufst du, obwohl du denkst, dass er nicht kommen wird? Geht dein Blick zu den entgegenkommenden Personen? Schaut dein Hund zu dir? Kommt er ein Stück näher und biegt dann wieder ab?

Schau genau hin, was du beobachten kannst. In welche Richtung gehst du? Bleibst du stehen? Was machen die entgegenkommenden Personen? Was genau macht dein Hund? Was siehst, hörst und riechst du?

Schreib dir das alles gerne auf. So bekommst du eine sehr klare Vorstellung davon, was genau in der Situation passiert. Das bringt dich einen großen Schritt mehr in das Thema „das Problem verstehen".

Auch bei Godiva kommt es vor, dass sich der Rückruf verschlechtert. Hunde entwickeln sich und haben eigene Interessen, wenn sie frei laufen. Es ist nicht schlimm, wenn sich etwas verändert, anstrengend wird es, wenn ich in dem Moment versuche, mit dem bisherigen Trainingsstand des Rückrufs dazu zu kommen, dass sie zurückkommt. Ich muss schauen, was ich verändern kann, damit der Rückruf wieder besser klappt.

Manchmal hänge ich meinen Gedanken nach auf dem Spaziergang und rufe aus einer recht unbewussten Haltung nach ihr. Das ist ganz häufig zum Scheitern verurteilt. Für mich nenne ich das immer wieder „Aha – hast du mal wieder vor dich hin gepennt, liebe Susanne".

Sich selbst und den Hund zu beobachten, macht richtig viel Spaß. Vor allem dann, wenn du bemerkst, dass du nicht hilflos bist, sondern sehr viele Stellschrauben entdeckst, an denen du drehen kannst.

Sich selbst und den Hund zu beobachten, macht richtig viel Spaß. Vor allem dann, wenn du bemerkst, dass du nicht hilflos bist, sondern sehr viele Stellschrauben entdeckst, an denen du drehen kannst.

Wahrnehmen

Im zweiten Schritt geht es um Wahrnehmen, was ist. In diesem Schritt ist viel Ehrlichkeit gefordert. Nichts zu beschönigen und auch nicht schlechter zu reden oder zu denken, als es in Wahrheit ist. Bleiben wir bei dem Beispiel „Rückruf".

Jetzt geht es darum zu schauen, was in dir passiert. Wenn du deinen Hund rufst, obwohl du denkst, dass er nicht kommen wird, nimm das einfach wahr. Was macht das mit dir?

Hast du dir Gedanken darüber gemacht, mit was dein Hund gerade beschäftigt ist? Beeinflussen dich die entgegenkommenden Personen? Was lösen sie in dir aus? Was genau löst das Verhalten deines Hundes bei dir aus? Solltest du nervös werden, unsicher oder verärgert, kannst du das spüren? Wenn ja, wo spürst du das? Ganz häufig gibt es bestimmte Stellen im Körper, wo wir bestimmte Gefühle fühlen.

Nimm einfach wahr, was in dir passiert. Alles ist richtig. Versuche, wirklich ehrlich zu bleiben. Es geht darum, dass du dir auf die Schliche kommst und wie es dir in einer solchen Situation geht.

Je genauer du spüren kannst, was bei dir ist, desto leichter wird es dir fallen, in dein Gefühl zu kommen. Du bist auf einem richtig guten Weg, dich nicht nur auf deinen Kopf zu verlassen.

Wie schon erwähnt, ist es manchmal eine kleine Herausforderung, den Kopf plappern zu lassen und sich darauf zu fokussieren, was an Gefühlen auftaucht.

In der Eingangsgeschichte, in der ich dir erzählt habe, wie Doolittle ein Stück geräucherten Schinken gefunden hat, war es gut, dass ich zunächst wahrnehmen konnte, was in mir passiert.

Als er weg war und ich nicht wusste, wo er ist, sind ganz viele Gefühle in mir aufgestiegen. Am meisten hatte ich Angst um ihn und Sorge, dass ihm etwas passieren könnte. Es kam Ärger, dass ich nicht gut nach ihm geschaut hatte und dann auch Ärger, weil er nicht auf den Rückruf reagiert hat.

Dieser emotionale Cocktail, der sich innerhalb von Sekunden in mir abspielte, machte mich unendlich nervös. In der Situation einen kühlen Kopf zu bewahren ist wirklich eine Herausforderung.

Als er dann wieder da war, war es gut, ruhig zu bleiben und wahrzunehmen, was bei ihm gerade ist. Gefühlt ist es ja immer eine Ewigkeit, die der

> Manchmal ist es eine kleine Herausforderung, den Kopf einfach plappern zu lassen und sich darauf zu fokussieren, was an Gefühlen auftaucht.

Hund weg ist, auch wenn es nur zwei Minuten sind.

Auch hier ist es gut, wenn du deine Erkenntnisse aufschreibst. Du kannst sie auch als Sprachmemo in dein Handy sprechen, falls du das Gefühl hast oder denkst, es ist wieder weg, bis du zuhause bist.

Der Schritt des Wahrnehmens führt dich näher zu dir. Es ist wichtig, dass dir klar wird, was ein bestimmtes Verhalten deines Hundes in dir auslöst.

Du kannst das natürlich auf jedes beliebige Verhalten deines Hundes anwenden. Es kann auch etwas Erfreuliches sein. Auch das löst etwas in dir aus. Erfreuliche Gefühle können dir sogar helfen in schwierigeren Situationen. Es ist gut zu wissen, wo im Körper du Freude empfindest. Vielleicht ist es auch von der Situation abhängig, wo du was empfindest.

Alles ist gut und richtig, wie du es empfindest. Ehrlichkeit ist etwas Wunderbares. Toll ist, du darfst an der Stelle ehrlich zu dir sein und brauchst es mit niemandem zu teilen. Wobei – vielleicht animiert es dich, ein „Zwiegespräch" mit deinem Hund zu halten.

Einlassen

Wir sind bei meinem Lieblingsstep angekommen. Einlassen heißt, das anzunehmen, was ist.

Du hast nun Informationen, die du durch reine Beobachtung gewonnen hast. Was siehst du, was hörst du und vielleicht auch – was riechst du? Ebenso hast du deine Gefühle erforscht: Welche steigen in dir auf, wenn du eine ganz bestimmte Situation betrachtest?

Jetzt gilt es, die von dir gesammelten Informationen als für dich wahr zu akzeptieren. Das ist deine momentane Realität. Und die ist gut, wie sie ist. Schließlich ist es das, was wahr ist. An der Stelle wäre es unsinnig, sich dagegen zu wehren und etwas nicht wahrhaben zu wollen. Du bist richtig, wie du bist. Mit all deinen Empfindungen, die da sind. Und dein Hund ist auch richtig, wie er ist, mit all seinen Verhaltensweisen, die er zeigt. Alleine das könnte dich absolut entspannen. Oder gibt es einen Grund, der gegen die ersehnte Entspannung spricht?

Einlassen heißt, das anzunehmen, was ist.

Vermutlich ja, denn du möchtest ja noch immer eine Lösung für dein Problem. Ich bin noch immer völlig bei dir. Momentan sind wir ja noch dabei, das Problem zu sehen und nicht einfach drüber hinwegzubügeln.

Wenn du jetzt also davon ausgehst, dass dein Hund genau so, wie er ist, richtig ist. Du ihn aus ganzem Herzen liebst und du dir keine andere Fellnase an deiner Seite wünschen würdest: Na, stimmst du mir zu, dass es dieses Gefühl in dir auch gibt?

Wenn er nicht zu dir zurückkommt, wenn du ihn rufst, gibt es einen Grund dafür. So einfach ist es.

Es kann sein, dass er dich gar nicht hört, weil er so in seine Geruchswelt vertieft ist, dass nichts zu ihm durchdringt. Oder der Rückruf ist nur auf eine kürzere Distanz trainiert. Häufig ist der Rückruf schlecht trainiert, sodass dein Hund auch noch belohnt wird, wenn er nach dem dritten Signal kommt, das schon forscher gegeben wird. Manchmal ist der Rückruf schlecht generalisiert, sodass er nur in bestimmten Situationen oder Orten trainiert wird. Es gibt viele Gründe – was kann es in diesem Moment bei deinem Hund sein?

Vielleicht bist du diesem Grund schon durch die Informationen nähergekommen, die du bisher gesammelt hast.

Gratulation! Du hast das Problem, das dazu führt, dass dein Hund in diesem Moment schlecht oder auch gar nicht zurückkommt, vermutlich erkannt. Das heißt noch nicht, dass du es gleich verändern kannst und die Lösung unmittelbar vor der Tür steht. Doch das Problem wurde gesehen. Das tut euch allen gut und entspannt die Situation enorm.

Dadurch, dass du dich auf die Gegebenheit einlässt und nicht versuchst, sie zu beschönigen, kommt dir dein Hund emotional ein ganzes Stück näher.

Spürst du, wie er sich ein kleines bisschen mehr in dein Herz geschlichen hat? Obwohl er noch gar nichts anders macht.

Dieses Gefühl wünsche ich dir und auch, dass du bei dem Gedanken daran ein kleines Lächeln ins Gesicht gezaubert wird.

Empathie

Wagen wir einen kleinen Exkurs zum Thema Empathie. Allgemein verstehen wir darunter, dass wir uns in eine andere Person einfühlen können. Dass wir nachvollziehen können, was diese Person denkt und was sie fühlt. Dadurch entsteht in uns Mitgefühl. Wir können empfinden, wie es dieser Person geht und dieses Empfinden bei der jeweiligen Person lassen.

Damit das gut gelingt, brauchen wir eine gute Selbstwahrnehmung. Das, was du bereits gut kannst oder unter dem Unterkapitel „Wahrnehmen" geübt hast.

Für mich spielt es keine Rolle, ob ich von einem anderen Menschen spreche oder von einem Hund, einem Pferd oder einer Katze. Deshalb spreche ich sehr gerne von anderen Lebewesen oder auch einfach Wesen.

Um Empathie wird es noch sehr viel im Kapitel Perspektivenwechsel gehen, und im Abschnitt „Perspektivenwechsel in die Welt aus Sicht des Hundes" nehme ich dich mit in die wirkliche Welt deines Hundes. Doch wir wollen einen Schritt nach dem anderen gehen.

Eine Abgrenzung möchte ich hier noch erwähnen: Mitgefühl und Mitleid unterscheiden sich sehr. Während uns Mitgefühl oder Empathie mitnimmt in das, was ein anderes Wesen fühlt oder auch denkt, führt uns Mitleid an den Punkt, dass wir jemand anderem helfen möchten.

Mitleid kann schnell mit Sorge in Verbindung stehen. Gerade ängstliche Hunde bekommen schnell Mitleid von ihrem Menschen. Besser ist an der Stelle Mitgefühl. Das hilft dir, bei dir selbst zu bleiben und in deiner Selbstwahrnehmung und lässt den Hund frei in seiner Emotion sein.

Gerade bei Hunden mit einem sogenannten Problemverhalten – wozu auch die unsicheren oder ängstlichen Hunde gehören – ist Empathie anstelle von Mitleid enorm hilfreich, wenn du deren Verhalten verändern möchtest.

Mitgefühl anstelle von Mitleid hilft dir, bei dir selbst und in deiner Selbstwahrnehmung zu bleiben und lässt den Hund frei in seiner Emotion sein.

Problemverhalten ist ein schwieriges Wort und sehr belastet. Deshalb ist es weitaus sinnvoller, von Hunden mit bestimmten Herausforderungen zu sprechen. Das entspricht nach meinem Dafürhalten sehr viel eher dem, was ist.

Bewerten

Wenn Hunde ein bestimmtes Verhalten zeigen, sind wir sehr schnell dabei, das gezeigte Verhalten zu bewerten.

Haben wir uns zuvor nicht ausreichend Zeit genommen, um zu beobachten und wahrzunehmen, können wir sehr schnell mit der Bewertung falsch liegen. Da nehme ich mich nicht aus.

Hundetrainer und Hundetrainerinnen haben in der Regel keine perfekten Hunde. Auch wir haben unsere Themen, die sich im Verhalten unserer Hunde zeigen. Manchmal ist es einfacher, ein Problem mit einem anderen Hund zu lösen als das mit dem eigenen. Der eigene Hund ist sehr nah und auch wir brauchen dazu einen Blick von außen – sprich professionelle Hilfe.

Es braucht viel Vorarbeit, bevor du beginnen kannst, ein bestimmtes Verhalten zu bewerten. Was in meiner Praxis oft passiert: Nicht nur das Verhalten des Hundes wird bewertet, sondern gleich der gesamte Hund.

Das stimmt ganz sicher nicht, da dein Hund in der Regel – also zu großen Teilen den Tag über – sogar ein anderes Verhalten zeigt als das Verhalten, das du gern weghättest.

Indem du deinen Hund generell bewertest, wirst du ihn genau so sehen, mit all seinen Fehlern – das Problem erscheint damit riesig und kaum bewältigbar. An der Stelle nochmal der Hinweis: Dein Hund ist richtig, wie er ist.

Lass ihn lieber raus aus der Schublade, das tut euch beiden gut. In der Schublade steckt er fest, kann sich nicht bewegen und es gibt keinen Raum für Veränderung. Das gleiche gilt für dich. Steckst du dich selbst in die Schublade, dass du dieses oder jenes nicht kannst, nimmst du dir selbst den Raum für Veränderung.

Hier eine Geschichte von meiner Hündin Godiva:

Als sie zu mir kam, war das Thema Autoaggression noch sehr viel größer, als es derzeit ist. Es kommt heute kaum noch vor.

Allerdings kenne ich ihre Trigger, die das Verhalten auslösen. Die hintere Hälfte ihres Körpers war am Anfang ein einziges Triggerfeld. Im Tierheim war sie der einzige Hund, der kein Geschirr trug, weil das nicht möglich war.

Sie hat inzwischen vieles dazu gelernt, unter anderem auch einige Tricks. Ich liebe Tricktraining, um Hunden mehr Selbstsicherheit und Selbstwirksamkeit zu geben.

Hochheben auf einen Tisch beim Tierarzt war problematisch, weil sie sich hinten nicht gerne in genau der Art und Weise anfassen ließ. Kämmen und Kraulen war o. k., aber sobald ein wenig Druck durch ihr Körpergewicht dazu kam, wollte sie weg und kooperierte nicht mehr.

Dein Hund ist richtig, wie er ist.

Mir schwebte die ganze Zeit vor, dass sie mir in den Arm oder auf den Schoß springen könnte. Doch wie kann ich das anstellen, dass sie es gut findet, wenn ich sie hinten halte beim Auffangen? Springen kann sie super und inzwischen mag sie auch Springspiele auf beispielsweise Baumstämme.

Das, was ging, war Hochklettern auf meinen Schoß, wenn ich ganz unten war. Springen wollte sie nicht.

Also baute ich eine Art Treppe, über die sie auf meinen Schoß hochkam. Jetzt kletterte sie nicht mehr, sondern sie sprang hoch. Die Treppe baute ich nach und nach ganz langsam ab.

Zu Beginn hatte ich wirkungsvolle Verstärker, damit sie sich überwinden konnte. Heute ist das nicht mehr notwendig. Ob sie mir jemals in den Arm springen wird, weiß ich nicht. Sie ist eigentlich etwas zu groß für diesen Trick.

Schau dir in dem Video an, welche Hilfen ich benutzt und wie ich sie abgebaut habe.

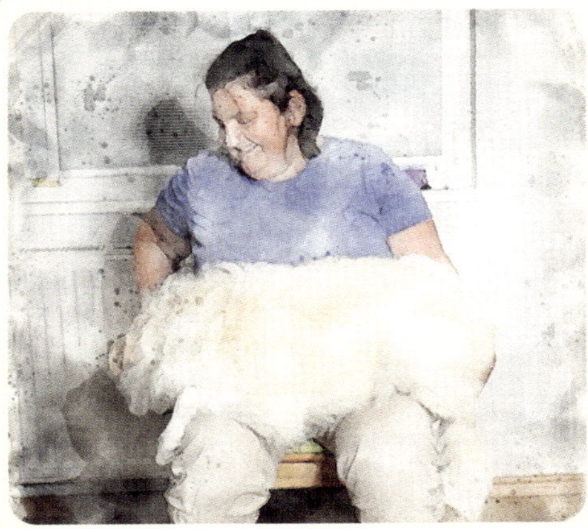

Warum erzähle ich dir das?

Hätte ich mich von Godivas Autoaggressions-Thema beeindrucken lassen (mehr dazu auf Seite 101), wäre ich nicht an den Punkt gekommen, mit ihr diese Übung zu trainieren.

Godiva liebt es, neue Dinge zu lernen. Also brauchte ich die richtigen Schritte, um ihr zu vermitteln, dass sie auch das lernen kann. Gleichzeitig bekam sie das Vertrauen, dass es nicht schlimm ist, wenn ich sie hinten halte, um sie zu stabilisieren.

Am Anfang habe ich sie gar nicht angefasst, wenn sie oben war, dann immer ein wenig mehr. Heute springt sie auf meinen Schoß und ich kann sie halten. Sie verlässt sich sogar darauf, dass ich sie stabilisiere, damit sie nicht nach hinten abrutscht.

Sie hat mir gezeigt, wie wir diese Übung gemeinsam meistern können. Sie nicht zu bewerten und zu denken, dass dieser Trick wohl nichts für sie ist, schafft Vertrauen zwischen uns, das durch nichts zu bezahlen ist.

Ich schone weder sie noch mich. Wir gehen unsere Themen an, Schritt für Schritt, so wie es für uns passt. Ohne einen von uns beiden zu überfordern, das ist wichtig.

Analysieren

Denkst du zu schnell an die Lösung einer besonderen Herausforderung, gelangst du vielleicht an den Punkt, dass du denkst und denkst und nicht wirklich zu einem guten Schluss kommst. Du bleibst schließlich bei der Tatsache hängen, dass du deinen Hund nicht verstehst.

Ein Verhalten sehr schnell zu bewerten, führt in der Regel dazu, dass du auch schnell ins Analysieren kommst.

Womit kann das zusammenhängen? Was sind die Umstände, warum dein Hund dieses bestimmte Verhalten zeigt? Eigentlich müsste er es doch inzwischen verstanden haben. Warum versteht er mich nicht?

Diese Art der Analyse bringt dich häufig wieder in den Kreislauf, dass du deinen Hund nicht verstehst und am Ende er dich auch nicht.

Dich und ihn wahrnehmen plus Empathie helfen dir sehr viel schneller, Antworten auf all deine Fragen zu bekommen. Leistest du diese wertvolle Vorarbeit, wird die Lösung sehr einfach und du kannst sie leicht umsetzen.

Die Aufgabe ist also erst einmal, viele Daten zu sammeln, bevor du in die Analyse einsteigen könntest. Meine Erfahrung ist: Wenn du den Weg gehst, dich in dich und in deinen Hund einzufühlen, sind die Analyse und das Bewerten gar nicht mehr so wichtig.

Die Lösungen liegen dann auf der Hand und du wirst sie einfach umsetzen.

Die Lösung ist also einfach.

Da der Weg hin zu Lösung anstrengend sein kann, ist er nicht immer leicht zu gehen. Auch wenn euer Weg manchmal beschwerlich ist, ist er es wert, dass ihr ihn geht. Es ist eine Reise hin zu dir und zu deinem Hund. Eine WUNDERbare Reise, in der du auf viele Erkenntnisse stoßen wirst. Manche mögen dir bekannt und vertraut vorkommen, da du sie aus völlig anderen Kontexten kennst, die nichts mit deinem Hund zu tun haben. Andere wiederum werden neu für dich sein. Alles ist es wert, gesehen und gehört zu werden – bei dir und deinem Hund. Ihr seid einfach einzigartig und richtig genau so, wie ihr seid.

> Ein Verhalten sehr schnell zu bewerten, führt in der Regel dazu, dass du auch schnell ins Analysieren kommst.

„Wir können den Wind nicht ändern, aber wir können die Segel richtig setzen.“

Aristoteles

In der Ruhe liegt die Kraft

Gerade, wenn eine Situation stressig zu werden droht, ist es wichtig, Ruhe zu bewahren.

Das sagt sich so leicht und stellt gleichzeitig eine sehr große Herausforderung dar. Damit du dich in einer Stresssituation daran erinnern kannst, ruhig zu bleiben, brauchst du ein wenig Übung. Es darf für dich zur Gewohnheit werden, immer wieder ruhig zu werden oder noch besser – zu bleiben. Je besser du bei dir bleiben kannst, desto leichter wird es dir fallen, dich mit der Ruhe in dir zu verbinden.

Nehmen wir das Beispiel einer Hundebegegnung. Du hast die Erfahrung, dass dein Hund immer wieder anfängt zu bellen, wenn ein angeleinter Hund entgegenkommt und er selbst auch angeleint ist.

Diese Erfahrung führt dazu, dass du dich schon auf das einstellst, was dir deine Erfahrung sagt. Dein Herzschlag wird schneller, du atmest nur noch flach, fixierst nach vorne, um den anderen Hund im Auge zu behalten, nimmst die Leine kürzer, ziehst eventuell daran und vielleicht hast du schon mit deinem Hund zu reden begonnen.

Es kann gut sein, dass nicht alles für dich zutrifft. Nimm dir das, was für dich passt und ergänze es um das, was in dir entsteht. Nichts ist falsch daran, du machst ja zuerst eine Bestandsaufnahme mit Hilfe der Aha-Übung.

Schauen wir uns nun an, wie du an den Punkt kommst, dass diese Situation völlig anders ablaufen kann.

Du kannst dir jede andere Situation nehmen, die für dich und deinen Hund eine Herausforderung ist oder die du verbessern möchtest.

> Je besser du bei dir bleiben kannst, desto leichter wird es dir fallen, dich mit der Ruhe in dir zu verbinden.

Visualisieren

Im ersten Schritt nimmst du dir mindestens 20 Minuten Zeit. Such dir eine ruhige Stelle, an der du in den nächsten 30 Minuten nicht gestört wirst.

Du kannst die Übung im Sitzen oder im Liegen machen, wie es für dich am besten passt. Schließe nun die Augen. Überprüfe noch einmal, ob deine Position wirklich bequem ist. Spüre den Boden unter deinen Füßen und die Stuhlfläche, auf der du sitzt. Wenn du liegst: Fühlt sich der Kontakt mit deiner Unterlage gut an?

Stell dir die Hundebegegnung vor, wie sie bisher abläuft. Spüre in dich hinein, welche Emotionen tauchen in dir auf? Du kannst jetzt empfinden, was in dir passiert, da du nicht reagieren musst. Du kannst ruhig bleiben und die Hundebegegnung auf einer neuen Ebene erleben.

Dein Hund zeigt sein Verhalten, das er oft zeigt. Vielleicht rennt er in die Leine, vielleicht bellt er.

Wie ist deine Atmung, wie dein Puls? Was steigt in dir auf, wie möchtest du reagieren? Welche Gedanken kommen? Lass alles zu. Nimm die Bilder so, wie sie in dir entstehen. Alles ist gut.

Dann ist der andere Hund vorbeigegangen und deine Gedanken und Körperreaktionen normalisieren sich wieder. Du nimmst wieder das Zwitschern der Vögel wahr oder das Plätschern des Baches. Die Sonne scheint und es ist angenehm warm. Es weht ein leichter Wind, den du auf deiner Haut spüren kannst. Du befindest dich am Waldrand und nimmst den erdigen Geruch des Waldes in dir auf.

Dein Körper entspannt sich. Du befindest dich in einer fantastischen Welt. Sonnenstrahlen, die zwischen den Bäumen hindurch scheinen, zeichnen wunderschöne Bilder auf die Wiese.

Hinter dir ist eine kleine Hütte. Sie ist immer offen und jeder kann sie betreten. Sie bietet Schutz vor Wind und Wetter und vor unliebsamen Geschehnissen. Du genießt den Ausblick, den Gesang der Waldbewohner und den erdigen Duft, der dich mit dem Boden und der

Welt in wunderbare Verbindung bringt.

Dein Hund ist bei dir. Er tollt auf der Wiese herum und schnuppert hier und dort. Lebendigkeit sprudelt nur so aus ihm heraus. Dein Herz geht auf, wenn du ihn so siehst.

Am Waldrand führt ein Weg lang. Dort taucht eine junge, blonde Frau mit Wanderstöcken auf. Sie ist flott unterwegs und du hörst, wie sie vor sich hin summt.

Als sie dich erblickt, hebt sie den Arm, lächelt dich an und winkt dir zu. Du bist entzückt, dass sie dich so begrüßt und winkst lächelnd zurück. Eine tiefe Zufriedenheit breitet sich in dir aus. Welch schöne Begegnung.

Hinter der Frau kommt ein mittelgroßer, braun-weißer Mischling gelaufen. Er hat gut zu tun, mit dem Tempo der Frau mitzuhalten, da es so viele Gerüche gibt, die entdeckt werden wollen.

Du schaust liebevoll auf deinen Hund, der es genießt, in diesem Moment den einen Ort erkunden zu können. Ja, denkst du, manchmal ist es das Verweilen an einem Ort und manchmal das Weiterkommen. Alles ist gut – zu seiner Zeit.

Als du deinen Blick wieder hebst, biegen die beiden gerade in den Wald ab und sind verschwunden.

Du lächelst noch immer und spürst dieser wunderbaren Begegnung nach.

Spüre noch einmal in dich hinein, wie fühlst du dich, welche Gedanken sind da?

Atme nun ein paarmal tief ein und aus. Dann öffne deine Augen. Schau dich um und nimm deine Umgebung wahr.

Lade dir gerne die Audiodatei auf der Downloadseite herunter. Es ist eine geführte Meditation, die dich mitnimmt in die Vision, wie das Verhalten deines Hundes in Zukunft ist oder sein kann, wenn du es vorsichtig formulieren möchtest.

Es ist gut, wenn du dir nun die Zeit nimmst, Stift und Papier zu nehmen und aufzuschreiben, welche Gedanken dir kommen und welche Gefühle in dir entstehen, siehst du vielleicht Farben oder hörst du bestimmte Klänge oder Geräusche, nimmst du einen bestimmten Geruch wahr?

Die Visualisierung einer Hundebegegnung, die absolut friedlich verläuft, ohne dass du irgendetwas tun musst, hilft dir dabei, sowohl dich als auch deinen Hund mit anderen Augen zu sehen.

Je öfters du dich auf diese „Reise“ begibst, desto mehr Bilder werden dir kommen. Vielleicht kommen dir mit der Zeit auch eigene Bilder, die dich auf deinem Weg begleiten können.

Den ersten Schritt hast du geschafft. Du hast dir für eine herausfordernde Situation eigene Bilder, Gedanken und Gefühle geschaffen, wie es anders sein kann, als es bisher ist.

Du hast dir für eine herausfordernde Situation eigene Bilder, Gedanken und Gefühle geschaffen, wie es anders sein kann, als es bisher ist.

Entspannt bleiben

Durch die Visualisierung bekommst du ein Gefühl und neue Gedanken, wie du entspannt bleiben kannst. Wie kannst du das nun in die Realität umsetzen?

Wir nehmen einfach zunächst eine Situation, die nichts mit deinem Hund zu tun hat.

Ein Beispiel, das mich schnell aus meiner Entspannung holen kann, ist Fahren auf der Autobahn. Ich fahre auf der Überholspur, weil ich ein Stückchen weiter vorne ein Auto überholen möchte. Plötzlich werde ich rechts überholt. Kaum an mir vorbei, wechselt der andere Autofahrer auf die Überholspur. Inzwischen kommt das weit häufiger vor als früher. Das finde ich gefährlich und zudem ist es nicht erlaubt.

Was passiert in mir? Ich erschrecke und bin entrüstet, weil sich jemand nicht an eine gesetzte Regel hält. Dazu male ich mir aus, was alles passieren könnte. Und schon rege ich mich über diese Person am Steuer auf. Bringt das irgendjemand etwas, wenn diese Reaktionen in mir ablaufen? Nein. Ändert es das Verhalten des Fahrers? Nein. Wozu rege ich mich also auf? Es ändert nichts, nur ich verbrauche unnötig Energie. Das Schlimmste, was in diesem Moment passiert, ist das Ausmalen der Bilder, was passieren hätte können.

Ist etwas passiert? Nein. Ist jemals etwas passiert, wenn ich rechts überholt wurde? Nein. Ich habe aber davon gehört und auch schon Bilder gesehen. Also versuche ich beim nächsten Mal entspannt zu bleiben, wenn ich rechts überholt werde. Vielleicht ist eine Frau im Auto, die gerade in den Wehen liegt und es muss schnell gehen. Oder was auch immer. Ich mache es nicht zu meinem Problem und lasse es an mir vorbeiziehen.

Jetzt höre ich schon die „Abers". „Aber mit meinem Hund ist es ja völlig anders! Da funktioniert das nicht!"

Das ist richtig. Dazu braucht es ein wenig mehr. Doch wir stehen gerade noch am Anfang.

Es geht mir darum, dass du dir einfach Momente suchst, in denen nur du beteiligt bist. So kannst du dich völlig auf dich konzentrieren und versuchen, in genau dem Moment entspannt zu bleiben.

Im Training sprechen wir immer von den kleinen Schritten, die wir gehen sollen. Das gilt auch, wenn es darum geht, unser eigenes Verhalten zu verändern. Wir gehen kleine Schritte und beginnen nicht mit einer schwierigen Situation, in der wir uns vielleicht nicht mehr gut spüren können.

Achte in den nächsten Tagen im Alltag auf Situationen, die dich ärgern oder in denen ein leichter Hauch von Ohnmacht oder Hilflosigkeit auftaucht. Schau genau hin, was in dir passiert und dann überlege dir, wie du auch anders reagieren könntest.

Probiere die Alternativen aus, die dir in den Sinn kommen. Ich bin mir sicher, es werden einige sein.

> Im Training sprechen wir immer von den kleinen Schritten, die wir gehen sollen. Das gilt auch, wenn es darum geht, unser eigenes Verhalten zu verändern.

Ab und an kommt es vor, dass Godiva Menschen anbellt. Sie springt in die Leine und bellt. Dabei bleibe ich völlig ruhig und hole sie zu mir her. Oft bleiben auch die Menschen völlig entspannt und fragen sogar, ob sie Angst habe. Das wundert mich jedes Mal, da ich eher damit rechne, dass ich unfreundlich angesprochen werde. Hunde sollten ja niemanden anbellen. Der Meinung bin ich grundsätzlich auch.

Vor kurzem hat sie einen anderen Hund angebellt und wollte zu ihm hin. In der Regel ist das ein Bellen aus Frustration, weil sie nicht zu dem Hund hinkann. Und normalerweise kann ich das gut managen. Witzig fand ich einen Radfahrer, der das alles mitbekommen hat. Während er langsam an mir vorbeifuhr, fragte er: Möchte sie mit dem anderen Hund spielen?

Wie kommt es, dass Menschen freundlich reagieren, obwohl mein Hund bellt?

Atmung

Eine meiner Lieblingsfragen an meine Kunden, wenn sie sich konzentrieren oder ein wenig Stress aufkommt, lautet: „Atmest du noch?"

Erst durch meine Frage bemerken sie, dass sie tatsächlich aufgehört haben zu atmen oder nur noch sehr oberflächlich atmen.

Wenn du nur noch oberflächlich atmest, verlierst du ganz schnell den Bezug zur Entspannung und oft auch zu dir selbst. Du spannst dich an, wirst unsicher oder auch nervös. Das führt dazu, dass du dich im Außen verlierst.

Dich in solch einer Situation daran zu erinnern, dass du tief ins Zwerchfell atmest, ist Gold wert. Dein Atmen bringt dich sofort wieder in Kontakt mit dir.

Beim Meditieren ist die einzige Aufgabe, dich auf deinen Atem zu konzentrieren. Das ist extrem schwierig. Viele Gedanken wollen dabei gedacht werden. Sie kommen völlig uneingeladen vorbei und wollen verweilen. Wenn du nicht aufpasst, nehmen sie weit mehr Raum ein, als du ihnen eigentlich geben möchtest.

> Dein Atmen bringt dich sofort wieder in Kontakt mit dir.

Es gibt sehr viele Atemübungen. Ich möchte dir hier drei Übungen mit auf den Weg geben. Gut zu atmen braucht Übung – wie bei allem ist auch hier noch kein Meister vom Himmel gefallen.

Übung 1

Eine gute Möglichkeit, dir deinen Atem bewusster zu machen:

Einatmen – Ausatmen – Pause

Zähle dabei die Atemzüge. Das bringt dich zu einer langsamen und tiefen Atmung. Wenn du diese Übung im Alltag immer wieder anwendest, wird es dir im Kontakt mit deinem Hund oder auch in einer komplexeren Situation leichter fallen, daran zu denken.

Du kannst sie ganz leicht in den Tag integrieren. Wichtig: Du solltest sie nicht einfach vergessen. Dazu ist es gut, Post It's oder sonstige Zettel in der Wohnung zu verteilen. Kleine Erinnerungen machen das Leben und auch das Üben leichter.

Übung 2

Eine gute Möglichkeit, deinen Atem zu spüren.

Lege dazu deine Hände abwechselnd auf deinen Brustbereich, auf deinen Bauch und an die seitlichen, unteren Rippen.

Allein das Auflegen der Hände führt dazu, dass der Atem sofort langsam und tief wird. Ich finde diese Übung extrem wohltuend, da sie dazu führt, mich in meinem Körper zu spüren.

Manchmal fällt es mir schwer, meinen Körper zu spüren, deshalb ist es für mich sehr wichtig, mich immer wieder auf meine Atmung zu konzentrieren. Und schon nehme ich mich wieder sehr viel besser wahr.

Übung 3

Zum Abschluss noch ein Tipp, der auch hilft, wenn du schlecht einschlafen kannst. Die Übung nennt sich 4711-Übung.

Lege dich entspannt hin und atme vier Sekunden ein und sieben Sekunden aus. Wiederhole das elf Mal hintereinander.

Diese Übung entschleunigt total. Gerade Schlaf ist für unser Wohlbefinden enorm wichtig. Deshalb ist es gut zu wissen, was du tun kannst, wenn du mal nicht einschlafen kannst.

Mein Tipp: Wenn du damit anfängst, dich vertrauter mit deinem Atem zu machen, dann starte mit einer der Übungen. Vielleicht hast du auch eine ganz andere, die dir viel besser gefällt, dann nimm die.

Dein Atem hilft dir sehr, bei dir zu bleiben – und damit sind wir auch schon beim nächsten Schritt.

Fokus: Bleib bei dir und deinem Ziel

Kennst du Strategien deines Hundes, durch die er dich ganz leicht von deinem Vorhaben abbringen kann?

Ein Beispiel: Du übst etwas mit ihm, nehmen wir an einen neuen Trick. Er macht allerdings nicht so wirklich mit. Fängst du an darüber nachzudenken, ob es vielleicht zu warm ist, er raus muss, du die richtigen Leckereien hast, er vielleicht keine Lust hat ...? Was ist es, was bei dir an Gedanken und Gefühlen auftaucht?

Brichst du die Übung ab, weil du einen Grund gefunden hast, weshalb dein Hund nicht mitmachen *kann*? Oder schaffst du es, bei dir und deinem Ziel zu bleiben?

Du könntest die Schritte kleiner machen. Dich vielleicht zu deinem Hund auf den Boden setzen und eine Runde mit ihm kuscheln und daraus die Übung starten. Oder ein kleines Spiel heitert die Situation auf. Es kann sein, dass sich dein Hund auf ein kleines Suchspiel einlässt.

Es gibt niemanden, der deinen Hund besser kennt als du. Und ich bin mir sicher, du bist schlau und kannst deinen Hund ein bisschen überlisten. Du bietest ihm etwas an, was er sehr gern mag, und aus dem Kontakt gehst du über zum Üben von dem, was du zuvor aufbauen wolltest.

Bitte sag nicht zu schnell: Bei meinem Hund funktioniert das nicht. Es ist immer einen Versuch wert. Solange du selbst motiviert bleibst, wird dir etwas einfallen, was du ausprobieren kannst.

Hat dein Hund die Erfahrung gemacht, dass er dich schnell von deinem Ziel abbringen kann, wird er das auch einsetzen. Er hat es ja genau so gelernt. Und wer hat es ihm beigebracht? Genau – du selbst. Das sind ganz wunderbare Momente, in denen du in dich hineinschmunzeln kannst, denn dein Hund macht dich auf etwas aufmerksam, was dir so nicht bewusst war.

Vielleicht ist dein Hund nur kurz motiviert, wirklich etwas zu üben. Dann ist es gut, dies zur Kenntnis zu nehmen und auch nicht mehr von ihm zu wollen.

Manchmal sind Hunde auch überaus motiviert, etwas zu üben. Sie sind so überschäumend, dass sie jede Menge eigene Ideen einbringen. Sie zeigen Dinge, die sie schon können oder sie bieten neue Verhaltensweisen an.

Auch hier gilt es, gut bei dir zu bleiben. Was genau möchtest du trainieren und wie soll es aussehen?

Lässt du dich auf Ideen und Vorschläge deines Hundes ein, die nicht zu deinem Ziel führen, stellt sich die Frage, wer gerade wen konditioniert.

Lässt du dich auf Ideen und Vorschläge deines Hundes ein, die nicht zu deinem Ziel führen, stellt sich die Frage, wer gerade wen konditioniert.

Training sollte immer mit einem Augenzwinkern gesehen werden. Zu viel Ernst führt wieder zu Anspannung. Das darfst du ab jetzt vermeiden. Du möchtest ja entspannt und ruhig bleiben.

Bei dir und deiner Vorstellung zu bleiben ist wichtig. Natürlich ist es auch wichtig, die Bedürfnisse des Hundes im Auge zu behalten. Ihr seid beide Teil des Ganzen.

Die eigene Mitte finden

Kennst du das Gefühl, gut in deiner Mitte zu sein? Einen Raum halten zu können?

Bestimmt kennst du diese Übung, bei der du dich aufrecht hinstellst, deine Füße sind schulterbreit auseinander, die Fußsohlen fest mit dem Boden verbunden und an deinem Kopf ist ein virtueller Faden befestigt, der dich aufrecht stehen lässt.

Das ist die optimale Haltung, um ein gutes Gefühl für die eigene Mitte zu bekommen. Nimm diese Haltung ein und konzentriere dich dann auf deinen Atem.

Fühle nun in deinen Körper und nimm wahr, wo du deinen Körperschwerpunkt spüren kannst.

Ich nehme ihn in meinem Bauchraum wahr. Wenn ich mich darauf konzentriere, fühle ich mich gut mit mir und der Umwelt verbunden. Ich fühle mich klar und kraftvoll.

Wie ist es bei dir? Was empfindest du? Und wo kannst du deine Mitte spüren?

Später kannst du vielleicht nicht immer diese Haltung einnehmen, aber du kannst dich an dieses Gefühl erinnern. Meine Empfehlung ist also: Verankere dieses Gefühl in dir.

Es kann dir helfen, wenn du dir dafür ein Lied aussuchst, das dir sehr schnell einfällt oder eine Körperbewegung, zum Beispiel deine Hand auf deinen Bauchraum legen. Vielleicht ist es auch ein kleiner Gegenstand, den du in deine Hosentasche stecken kannst, und wenn du ihn in die Hand nimmst, erinnerst du dich daran, in deiner Mitte zu bleiben.

Bringt dich dein Hund nun in eine Situation, in der du spürst, dass du hilflos, nervös oder ärgerlich wirst, greife nach dem Gegenstand, mach die Körperbewegung oder summe dein Lied. Das wird dir helfen, dich sofort in eine andere innere Haltung zu bringen. Du bleibst in deiner Mitte. Vielleicht funktioniert das nicht immer – vor allem am Anfang. Dann ist es gut, sich an den Situationen zu orientieren, in denen es geklappt hat.

> Vielleicht ist es auch ein kleiner Gegenstand, den du in deine Hosentasche stecken kannst, und wenn du ihn in die Hand nimmst, erinnerst du dich daran, in deiner Mitte zu bleiben.

Wie im Training mit den Hunden gilt auch hier, in kleinen Schritten zu üben. Nimmst du eine Situation mit deinem Hund, die dich überfordert, wird es nicht klappen, da der Schritt viel zu groß ist.

Trainiere dich an ganz einfachen Begebenheiten. Dazu eignen sich Begegnungen mit anderen Menschen ganz gut. Ein Beispiel: Jemand kommt dir entgegen und einer von euch muss ausweichen, damit ihr aneinander vorbeikommt. Nimm dir vor, auf deiner Seite zu bleiben, sodass die andere Person ausweichen muss. Bleib bei deinem Ziel. Wenn du dich gut mit deiner Mitte verbunden hast, wird es kein Problem sein, dass die andere Person ausweicht.

Du kennst dich selbst am besten. Such dir Gelegenheiten aus, die für dich passend sind. Dann mach die Schritte so klein, dass sie für dich gut machbar sind. So, wie du es bei deinem Hund im Training auch machen würdest.

Es kann sehr hilfreich sein, ein kleines Tagebuch anzulegen und die Ereignisse des Tages am Abend festzuhalten. So hast du die Möglichkeit, deine Entwicklung nachzulesen. Vielleicht passiert es dir auch leicht, dass du sehr in die Zukunft denkst und dabei leicht vergisst, was du schon alles geschafft hast.

Loslassen

Die eigene Vorstellung loszulassen ist eine unserer größten Herausforderungen. Es hat etwas damit zu tun, sein „Rechthabenwollen“ loszulassen.

Es kommt noch immer häufig vor, dass mir Kunden sagen, auf ein Fehlverhalten des Hundes müsse doch eine Konsequenz erfolgen. Mit der Konsequenz meinen sie eine negative Intervention. Das möchte ich so nicht stehen lassen und nehme diesen Menschen sehr gerne mit in eine andere Sichtweise, die sehr viel mehr Entspannung bringt.

Wir schauen gemeinsam genauer hin, warum der Hund dieses Fehlverhalten gezeigt hat. Ganz häufig finden sich mehrere Gründe, die dazu geführt haben können. Oft ist es die Frage, ob der Hund das – für den Menschen – richtige Verhalten in genau diesem Kontext schon gelernt hat. Es gibt immer weit mehr als eine Perspektive, aus der man eine bestimmte Situation betrachten kann.

Zunächst die eigene Vorstellung loszulassen und den Hund in seinem Verhalten zu verstehen, öffnet neue Wege, die gemeinsam beschritten werden können. In der Regel ist das ein Prozess, da es tief in den Köpfen von Menschen verankert ist, dass man handeln muss, wenn der Hund ein Fehlverhalten zeigt. Am Ende des Tages stimmt das natürlich – doch es gilt, einen Weg zu finden, mit Besonnenheit zu agieren und wohlwollend dem Hund gegenüber zu sein. Management spielt an dieser Stelle eine sehr große Rolle, und je besser du bei dir bist, desto leichter wird es dir fallen, dich auf deinen Hund einzustellen. Herauszufinden, was die Stärken deines Hundes sind und diese zu fördern, ist so viel sinnvoller, als sich den überwiegenden Teil der Zeit mit seinen Schwächen zu beschäftigen.

Im Folgenden spreche ich ganz besonders Hundetrainer an. Doch vielleicht ist genau dieser Abschnitt auch für dich interessant, wenn du im Kontakt mit einer Hundeschule oder Verhaltensberatung bist. Es ist eine Sichtweise, die du eventuell etwas genauer bedenken kannst in Bezug darauf, wie dir ein Profi aus dem Hundebereich begegnet.

Für all jene, die professionell im Bereich Hundetraining, Hundeerziehung, Verhaltensberatung etc. arbeiten:

Es geht nicht um deine eigene Vorstellung, wenn du mit Menschen und auch Hunden arbeitest. Es geht vielmehr darum, zu erfassen, was für dieses Team gerade ansteht und wichtig ist. Wenn du versuchst, sie auf deinen Weg zu bringen, weil du denkst, das wäre der einzig „richtige“ Weg, dann können sie als Team ihren eigenen Weg nicht finden.

Es gilt herauszufinden, wo die Stärken des Teams liegen und diese zu fördern. Dazu braucht es eigene Flexibilität und die Bereitschaft, sich auf das einzulassen, was vom Gegenüber kommt.

Vielleicht kannst du das bei Hunden schon recht gut. Du siehst, der Hund wird unsicher, dann änderst du deinen Plan. Das hoffe ich zumindest, dass du das tust. Oder er ist übermotiviert, dann nimmst du Tempo im Training raus.

Du hast Trainingstechniken gelernt, innerhalb derer du dich sehr flexibel verhalten kannst.

Menschen brauchen genau die gleiche Unterstützung. Manchmal trauen sie sich etwas nicht zu oder sie sind unsicher, weil sie etwas Neues trainieren sollen und fühlen sich beobachtet. Was ja auch stimmt, wenn ich meinen Kunden eine Aufgabe gebe, die sie mit ihrem Hund trainieren sollen, dann schaue ich natürlich zu. Ansonsten kann ich ihnen kein Feedback geben, was sie richtig gemacht haben und was sie noch verbessern können.

Du hast also zwei Lebewesen vor dir, die anders ticken als du und die völlig andere Unterstützung benötigen als der Kunde, der vor Kurzem das gleiche Problem hatte.

Das kannst du nur erkennen, wenn du bereit bist, dich von deinen eigenen Vorstellungen zu lösen.

Dazu möchte ich dir eine Geschichte erzählen, die ich in meiner Lebenscoach-Ausbildung bei Veit Lindau gehört habe. Sie beschreibt sehr gut, wie wichtig es manchmal ist, eigene Vorstellungen hintenan zu stellen oder zumindest zu überprüfen, ob es nicht auch andere Wege gibt. Hier die Kurzversion:

Ein Ehepaar hatte einen schönen Garten und pflanzte einen Baum. Der Baum gedieh prächtig und wuchs lustig vor sich hin.

Eines Tages stelle das Paar fest, dass der Baum nach rechts wuchs. Also rammten sie einen Pfahl neben den Baum und banden ihn an. Daraufhin wuchs er wieder gerade, doch einige Zeit später wuchsen einige Zweige schneller nach oben als andere. Wieder schnitten sie die zu langen Zweige ab.

Das Paar freute sich, weil der Baum nun wieder schön aussah.

Nun wuchs der Baum doch sehr in die Breite. Auch das verhinderten sie.

Von da an wuchs der Baum nur noch wenig und insgesamt war er eine etwas traurige Gestalt.

Das Paar war unglücklich darüber und fand den Baum bald auch nicht mehr schön. Sie kümmerten sich von nun an nicht mehr viel um ihn.

Eines Tages entschieden sie sich, das Haus zu verkaufen. Ein junger Mann kaufte das Haus.

Er stellte sich vor den Baum und dachte, dass es sicher unbequem ist, wenn ein Pfahl direkt neben dem Baum steht und entfernte ihn.

Jeden Tag ging er zu dem Baum und sprach ein paar Worte mit ihm. So kam es, dass der Baum wieder anfing zu wachsen. Er wuchs in alle Richtungen und breitete sich aus. Nach rechts, nach links und auch nach oben.

Er sah wunderschön aus und immer, wenn er ein Stückchen zu sehr nach rechts wuchs, glich er das später wieder aus, indem er sich nach links neigte.

Der Mann freute sich sehr über diesen Baum. Es gab keinen Baum, der genau so gewachsen ist.

Einige Jahre später war es ein stattlicher Baum, der von vielen Menschen wegen seiner Schönheit bewundert wurde.

Ich finde, diese kleine Geschichte verdeutlicht sehr schön, wie wichtig es ist, jeden seinen eigenen Weg finden zu lassen. Wir können dabei unterstützen, in gewissen Bereichen auch leiten und das Leben für beide leichter machen. Doch es sollte immer klar sein, dass du deinen Weg gehst – und dein Gegenüber geht seinen. Schön ist es immer, wenn wir Wege gemeinsam mit unseren Hunden gehen können. Trotz – oder manchmal vielleicht gerade wegen – unserer Unterschiedlichkeit.

Schön ist es immer, wenn wir Wege gemeinsam mit unseren Hunden gehen können. Trotz – oder manchmal vielleicht gerade wegen – unserer Unterschiedlichkeit.

Wer bin ich?

Scherzhaft kennt wohl jeder die Frage: Wer bin ich, und wenn ja, wie viele? Ich meine die Frage allerdings genau so, wie sie da steht. Wer bist du?

Hier ist die Antwort auf die Frage: Ich bin Susanne, bin 1966 geboren, bin seit 1999 professionell als Hundetrainerin unterwegs und arbeite seit mehreren Jahren als Verhaltensberaterin. Ich bin Theaterpädagogin und habe viele Jahre Theater gespielt, weil es mir riesigen Spaß macht, in andere Rollen zu schlüpfen. Dann habe ich irgendwann eine Ausbildung zum Coach gemacht, weil ich bemerkt habe, dass der Mensch in meiner Arbeit mit Hunden eine große Rolle spielt …

Ich könnte das noch lange fortsetzten und aufzählen, was ich alles gemacht habe. Ich kann dir sagen, es kommt ein bunter Strauß zusammen. Die Aussage einer guten Freundin ist: Man weiß bei dir nie so genau, was du als Nächstes machst. Wobei sie auch sagt, dass ich sehr zuverlässig bin.

Wer bin ich nun wirklich?

Keine Sorge, das werde ich hier nicht ausbreiten. Eigentlich bin ich nur ein kleines Lichtlein auf dieser Erde. Irgendwann habe ich auch begriffen, dass es nicht nötig ist, dass ich mich allzu ernst nehmen darf. Verbindlichkeit ist mir wichtig. Für mich und für meinen Hund. Ist jemand verbindlich, kann bei mir schnell Vertrauen entstehen. Es gibt Situationen in meinem Leben, da bin ich völlig in meiner Mitte. Wobei es andere Lebensumstände gibt, die führen dazu, dass ich mich unwohl fühle und mich auf meinen Atem besinnen muss, damit ich wieder zu meiner Mitte finden kann.

Manchmal habe ich Angst und manchmal denke ich, meine Hündin ist klüger als ich. Und ich mag meinen Humor.

Wenn ich weiß, wer ich bin, weiß ich, wo meine Fahne weht und brauche kein Fähnchen im Wind zu sein. Für manche mag es unangenehm sein, wenn ich einmal zu oft mit dem, was ich denke, um die Ecke komme. Doch für mich geht es um Authentizität. Immer wenn ich authentisch bin, habe ich das Gefühl, dass ich weiß, wer ich bin.

Schaffe ich das immer?
Nein!
Ist das schlimm?
Nein!
Ich bin einfach ich.

Was ist es bei dir, was dich authentisch macht? Was würdest du sagen ist für dich unumstößlich? Kennst du deine Stärken und auch Schwächen?

Willst du deinen Hund gut trainieren können, ist es gut zu wissen, wer du bist. Er wird eigene Vorstellungen haben und dich das ein oder andere Mal aus deinem Konzept bringen.

Das ist gut so.

> Wenn ich weiß, wer ich bin, weiß ich, wo meine Fahne weht und brauche kein Fähnchen im Wind zu sein.

Bei jedem Mal ist es gut zu wissen, wer du bist, um sicher stehen bleiben zu können. Vielleicht, um über das Verhalten deines Hundes zu schmunzeln oder auch, um herzhaft über dich selbst zu lachen.

Vor kurzem habe ich Godiva mal wieder aufgefordert, auf meinen Schoß zu springen. Wir hatten das eine ganze Zeit nicht mehr gemacht und mir war gerade danach.

Ich forderte sie auf, sie sprang hoch und ich wollte sie dafür belohnen, weil ich begeistert war, dass das so toll geklappt hat. In meiner Hosentasche kramend bemerkte ich, wie sie unruhig wurde. Ich schaute noch schnell in der hinteren Hosentasche, da war auch kein Futter. Eine missliche Situation, ich konnte sie nicht belohnen für ihr exaktes Verhalten. Da drehte sie sich auch schon um, sprang runter und verschwand in ihrer Box.

„Wie blöd kann man sein?" dachte ich über mich. Ich hatte einen Fehler gemacht und wurde dabei auch noch unruhig – zumindest aus Sicht meines Hundes.

Aus der Box kam sie so schnell nicht mehr raus und wenn ich sie in den nächsten Tagen aufforderte, auf meinen Schoß zu springen, war genau das der Ort, an den sie sich sofort zurückzog.

Godiva ist wie sie ist und das ist gut so. Ich kann sehr gut von und mit ihr lernen. Ich habe das Verhalten nochmal von vorne mit ihr trainiert und jetzt springt sie auch wieder hoch.

Wir gehen Wege gemeinsam und lernen voneinander. Das wirft mich nicht aus der Bahn, sondern ich weiß ja, wie ich es wieder trainieren kann. Vielleicht passiert es mir an anderer Stelle wieder einmal, dass ich mich dusselig verhalte und nicht alles vorweg bedenke. Das zerstört aber nicht das Band zwischen uns und auch nicht das aufgebaute Vertrauen. Ich ärgere mich auch nicht über mich, sondern bleibe bei mir und der Erkenntnis: Aus Fehlern lernt man.

Zu jedem Zeitpunkt, zu dem du dich erinnern kannst, wer du bist, wirst du deinem Hund die Sicherheit geben können, die er in dieser speziellen Situation braucht.

Hier ein weitere kleiner Hinweis, wenn du professionell im Hundebereich arbeitest:

Authentizität finden deine Kunden super, wenn du mit Menschen mit Hund arbeitest. Wenn der Mensch nervös oder unsicher wird, kannst du ruhig bleiben und wieder Entspannung in das Training bringen. Das thematisiere ich dann auch ganz gerne entweder mit Humor oder mitfühlend, das hängt sehr davon ab, wie ich den Kunden oder die Kundin einschätze. Naja, schon meistens eher scherzhaft. Humor lockert Training ganz grundsätzlich auf. Und manch angespannte Situation, in der ein Mensch das Licht am Ende des Tunnels nicht mehr erkennen kann, wird leichter, wenn ich es schaffe, das Verhalten des Hundes mit einem Augenzwinkern zu beschreiben.

Und ich lobe, was das Zeug hält, wenn ich sehe, dass der Mensch eine für ihn schwierige Situation mit Bravour gemeistert hat. Macht der Mensch selbst im Training die Erfahrung, dass er gelobt wird, wird er seinen Hund auch mehr loben für Dinge, die er gut gemacht hat.

„Ich habe große Achtung vor der Menschenkenntnis meines Hundes. Er ist schneller und gründlicher als ich."

Fürst Bismarck

Bedürfnisse

Manchmal frage ich meine Kunden nicht nach ihrem Ziel mit dem Hund, sondern danach, was ihr Bedürfnis ist. Ganz oft wird dann deutlich, dass meine Kunden sehr nach außen gerichtet sind und sich an den Bedürfnissen des Hundes oder anderer Menschen orientieren.

Eine Kundin meinte auf die Frage: „Hier kann es gar nicht um meine Bedürfnisse gehen. Ich habe zwei Kinder, einen Hund, der Probleme macht, zwei Katzen und einen Mann, der wegen der Arbeit erst spät nach Hause kommt".

Das ist vielleicht die Situation von vielen, doch wenn du dir nicht darüber im Klaren bist, was deine Bedürfnisse sind, wirst du anfangen zu straucheln und Schuldige im Außen suchen.

> Es geht darum, Dinge zu verändern, weil es dein Bedürfnis ist.

Dann wird manchmal der Hund schuld sein, weil er Menschen anbellt oder der Mann, weil er wieder mal länger gearbeitet hat oder die Trainingsmethode der Hundetrainerin, weil die nichts bringt.

Es geht nicht um Schuld, da es einfach nie darum geht, Schuld zu verteilen. Es geht darum, Dinge zu verändern, weil es dein Bedürfnis ist.

An anderen wirst du nicht einfach etwas verändern können. Abläufe und Gegebenheiten verändern sich dann, wenn *du* dich veränderst. Um dich zu verändern, ist es wichtig, deine Bedürfnisse zu kennen und sich ihrer bewusst zu sein.

Ein Teil meiner Arbeit besteht darin, meine Kunden zu unterstützen, ihre Bedürfnisse wieder fühlen zu können. So wird das Hundetraining sehr viel leichter, denn sie wissen sehr viel besser, wo sie hinmöchten, ihnen ist der Weg bewusster und sie kommen weg von dem Denken, dass der Hund schuld sein könnte oder dass er ein Verhalten zeigt, um ihnen persönlich zu schaden.

Hunde haben nie die Absicht, ihren Menschen persönlich zu verletzen. Selbst wenn sie die eigenen Besitzer durch Knurren, Beißen oder Drohen in irgendeiner Art und Weise angreifen, ist es Ausdruck ihres Befindens, ihres Leidensdrucks und ihrer nicht gesehenen oder nicht wahrgenommenen Bedürfnisse.

Ja, die Bedürfnisse des Hundes. Er kann genau die gleichen Bedürfnisse entwickeln wie wir Menschen. Da Hunde – zum Glück – noch sehr intuitiv handeln, drücken sie ihre Bedürfnisse aus. Sie kommunizieren sie sogar sehr klar. Es gilt, sie zu verstehen.

Je klarer du dir über deine Bedürfnisse bist, desto leichter wird es dir fallen, die Bedürfnisse deines Hundes zu verstehen und zu entdecken. Probleme bei Hunden entstehen häufig dann, wenn ihre kommunizierten Bedürfnisse nicht zur Kenntnis genommen werden.

Ich spreche hier von emotionalen Bedürfnissen. Doch dazu gleich mehr. Zunächst werfen wir einen Blick auf die Grundbedürfnisse, die definitiv erfüllt sein müssen, bevor eine Weiterentwicklung stattfinden kann.

Grundbedürfnisse

Wir haben basale Grundbedürfnisse. Wenn sie nicht erfüllt sind, geraten wir aus dem Gleichgewicht und es fällt uns extrem schwer, ausgeglichen zu sein.

Diese Grundbedürfnisse wurden von Abraham Maslow, einem amerikanischen Psychologen, in einer Pyramide dargestellt.

Wenn wir von „Sinn“ absehen, haben unsere Hunde genau die gleichen Grundbedürfnisse. Hunde denken vermutlich nicht in einer philosophischen Art und Weise über den Sinn des Lebens nach und möchten sich selbst verwirklichen. Vielleicht ist aber auch das eine Frage, die kontrovers diskutiert werden könnte.

Körperliche Grundbedürfnisse

Sind unsere körperlichen Grundbedürfnisse nach Essen, Schlaf und Gesundheit eingeschränkt, dann sind wir damit beschäftigt, dieses Bedürfnis zu erfüllen. Solange es nicht erfüllt ist, wird es schwierig, sich um ein darüberliegendes Bedürfnis zu kümmern.

Ich habe ab und an Schmerzen in meinen Knien – dann habe ich sofort weniger Energie für andere Dinge übrig. Wenn jeder Schritt wehtut, denke ich nicht darüber nach, wohin ich meine nächste Wanderung unternehme. Damit ich mich wieder wohlfühle, hilft mir ein Schmerzmittel oder wenn ich meine Muskulatur entsprechend dehne. Ein Arzt hilft, indem er eine entsprechende Diagnose stellt und ich mich behandeln lassen kann.

Wenn im Winter die Heizung ausfällt, werden wir darauf drängen, dass sie so schnell wie möglich wieder funktioniert, damit wir uns in unseren vier Wänden wieder wohlfühlen können. Wenn dem nicht so ist, werden wir uns für die Übergangszeit woanders einquartieren.

Auch wenn wir Hunger haben und uns nicht genügend Nahrung zur Verfügung steht, werden wir sehr viel Energie aufwenden, um dieses Grundbedürfnis zu stillen. Es sei denn, wir entschließen uns abzunehmen oder zu fasten. Dann wählen wir diesen Zustand selbst. Es würde uns aber genügend Nahrung zur Verfügung stehen, wenn wir sie zu uns nehmen wollten.

Auch Hunde haben diese Grundbedürfnisse und wir sollten darauf achten, dass sie bei ihnen erfüllt sind.

Fitz war nie dick, aber auch nicht superschlank. Er hatte ein Wohlfühlgewicht. Wenn ich versuchte, ihn ein oder zwei Kilo weniger wiegen zu lassen, weil er dann sportlicher ausgesehen hätte, wurde er übellaunig. Er bellte eher andere Hunde an, kam nicht zurück, wenn ich ihn rief und war insgesamt nervöser. Wenn er die ein oder zwei Kilo mehr hatte, war er ein super ausgeglichener Hund. Also akzeptierte ich das. In der Rückschau frage ich mich, warum ich mich dazu hinreißen ließ, ihn abnehmen zu lassen. Vermutlich, weil eine Kundin mal zu mir sagte: „Fitz passt ganz gut zu dir und zu mir passen einfach Windhunde“. Die Frau selbst war gertenschlank, was auf mich in meinem ganzen Leben noch nie zugetroffen hat. Vermutlich hat das ein wenig an meinem Ego gekratzt und ich wollte mir selbst etwas beweisen.

Sicherheitsbedürfnisse

Wir brauchen einen geschützten Wohnraum. Der mag für unterschiedliche Menschen sehr verschieden gestaltet sein. Inzwischen gibt es sehr viele unterschiedliche Möglichkeiten zu wohnen. Menschen wählen das so, wie sie sich sicher und wohl fühlen, und das ist gut so. Manche leben in großen Häusern mit viel Grundstück und manche wählen das Leben in einem Tiny House. Ich selbst finde es total spannend, mich mit Menschen zu unterhalten und zu erfahren, warum sie diese oder jene Wohn- und Lebensform gewählt haben. Vermutlich interessiert mich das, weil ich bisher noch nicht das Gefühl habe, angekommen zu sein und genau deshalb Menschen bewundere, die ihre Lebensform gefunden haben. Doch vielleicht hat dieses Gefühl des Angekommenseins auch etwas damit zu tun, wie gut ich in mir selbst angekommen bin.

Hast du das Gefühl, dass du angekommen bist? In dir und auch in deiner Wohn- und Lebensform?

Ich schweife ab und komme zurück zu den Grundbedürfnissen. Wobei mich deine Antwort auf die Frage wirklich brennend interessiert, welche Wohn- und Lebensform für dich die richtige ist. Dein Hund wird sich immer damit arrangieren. Er passt sich dir an. Für einen Hund ist es egal, ob er in einer kleinen Ein- oder Zweizimmer-Wohnung lebt oder in einem großen Haus. Er ist glücklich, wenn er mit dir zusammen sein kann …

… und seine restlichen Bedürfnisse erfüllt sind. Sofern er nicht zu den Angsthunden zählt, wird er sich dort sicher fühlen, wo du bist.

> Für einen Hund ist es egal, ob er in einer kleinen Ein- oder Zweizimmer-Wohnung lebt oder in einem großen Haus. Er ist glücklich, wenn er mit dir zusammen sein kann.

Soziale Bedürfnisse

Sowohl Mensch als auch Hund sind sehr soziale Lebewesen. Beide brauchen wir den Kontakt mit anderen, um uns auszutauschen und in Verbindung zu leben. Manche Hunde sind gar nicht wirklich scharf auf innerartlichen Sozialkontakt. Vielleicht reicht ihnen der Kontakt zu zwei oder drei vertrauten Hunden. Andere sind total begeistert, sobald sie einen Hund um die Ecke kommen sehen.

So unterschiedlich wie die Hunde sind wir Menschen auch. Manche lieben es, tagtäglich in Gemeinschaft von Menschen zu sein. Ihnen fällt Smalltalk sehr leicht und sie knüpfen schnell neue Kontakte. Andere leben eher zurückgezogen und verbringen lieber viel Zeit mit dem eigenen Hund.

Jede Form ist gut, solange es für dich gut ist. Eine kleine Herausforderung kann es werden, wenn du selbst liebend gerne mit Menschen in Kontakt bist und dich gerne in unterschiedlichen Hundetreffs einfindest, dein Hund den Hundekontakt und auch fremde Menschen nicht sonderlich spannend findet. Oder du erlebst das umgekehrte Szenario.

Individuelle Bedürfnisse

Sowohl Mensch als auch Hund sind darauf angewiesen, Anerkennung und Wertschätzung für das eigene Verhalten zu bekommen. Es ist eine Bestätigung, dass das eigene Verhalten zum Erfolg führt.

Hier stellt sich für mich die Frage nach unserem Schulsystem, das wir in der Regel alle durchlaufen haben. Es wird viel auf Fehler geschaut und Schüler, die nicht immer nur super gute Noten haben, haben es schwer, für das, was sie in der Schule leisten, Anerkennung zu bekommen. Es wird auf die Fehler aufmerksam gemacht und diese werden rot angestrichen. Eine gute Alternative wäre es, wenn das zur Kenntnis genommen werden würde, was richtig ist.

Im Hundetraining sind wir an der Stelle schon sehr viel weiter mit der Methode der positiven Verstärkung.

Um wirklich in die positive Verstärkung einzusteigen, braucht es für viele einen wirklichen Switch im Gehirn, da der Fokus plötzlich nicht mehr auf dem Fehler liegt, den der Hund macht, sondern er für das belohnt wird, was er richtig macht.

Die Frage vieler Kunden in Bezug auf einen Fehler des Hundes ist: „Ja und was mache ich, wenn er es falsch macht?“

Dann passiert einfach nichts. Der Hund lernt sehr schnell, dass er für positives Verhalten belohnt wird. Hier gilt es die vielen kleinen Trainingsschritte einzuhalten, die für die Art des Trainings notwendig sind.

Um wirklich in die positive Verstärkung einzusteigen, braucht es für viele einen wirklichen Switch im Gehirn.

Mein Buchtipp
Alles über das Training mit positiver Verstärkung findest du in dem Buch „Verstärker verstehen“ von Dr. Viviane Theby

„Wir sind alle am glücklichsten, wenn unser Leben wie eine Serie von Ausflügen um die sichere Basis unserer Bezugspersonen organisiert ist."

John Bowlby

Limbisches System

Jetzt müssen wir einen kleinen Blick auf die Funktion des limbischen Systems werfen.

Das limbische System, ein integraler Bestandteil des komplexen Gehirns, spielt eine entscheidende Rolle bei der Verarbeitung grundlegender Bedürfnisse. Es handelt sich hier um einen sehr alten Teil unseres Gehirns, der tief im evolutionären Erbe verwurzelt ist – im sogenannten Reptiliengehirn. Er regelt fundamentale Funktionen wie Überleben und Fortpflanzung.

Die Schaffung einer sicheren Umgebung ist ein Schlüsselfaktor, der das Gleichgewicht im limbischen System unterstützt und somit zum allgemeinen Wohlbefinden beiträgt. Dieses Bedürfnis nach **Sicherheit** wird durch komplexe neuronale Prozesse im limbischen System vermittelt.

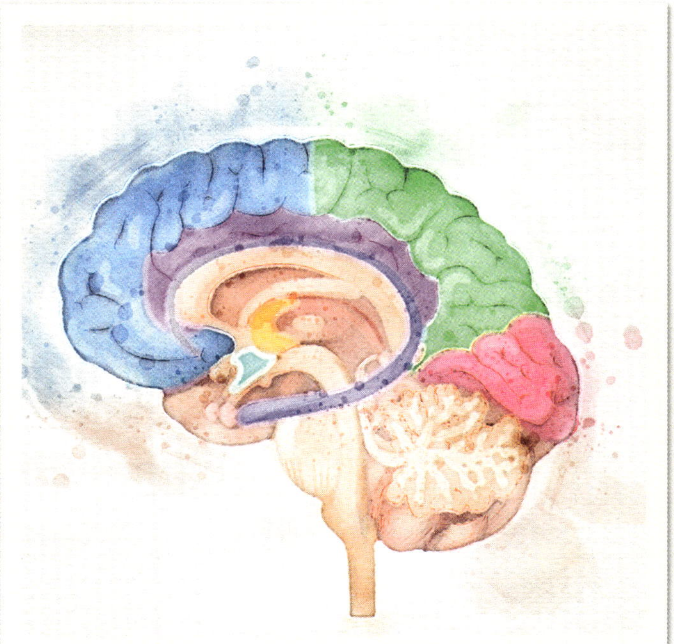

Die Bedeutung sozialer Bindungen und Beziehungen wird ebenfalls im limbischen System verarbeitet. Es reguliert emotionale Reaktionen auf soziale Reize und fördert die Entwicklung von Verbindungen zu anderen Menschen, um das Bedürfnis nach **Bindung** zu erfüllen.

Das Streben nach **Selbstwirksamkeit**, dem Gefühl, Einfluss auf das eigene Leben zu haben, wird durch das limbische System ermöglicht. Dieser Teil des Gehirns spielt eine zentrale Rolle bei der Speicherung und dem Abruf von Erfahrungen, die zur Entwicklung eines positiven Selbstbildes und eines Gefühls der Kontrolle beitragen.

Die Verarbeitung von **Lust** als grundlegendem Bedürfnis erfolgt durch das limbische System in Zusammenarbeit mit anderen Strukturen. Emotionen wie Freude, Genuss und Zufriedenheit werden durch die Freisetzung von Neurotransmittern gesteuert, die ein Gefühl der Belohnung und Befriedigung vermitteln.

In diesem Buch möchte ich nicht näher auf die Funktion des Gehirns, dessen Teile und die Arbeitsweise der Neurotransmitter eingehen. Wer mehr darüber erfahren möchte, der findet viele, teils auch leicht erklärte, Informationen in entsprechender Literatur oder einfach im World Wide Web.

Faszinierend ist die Gemeinsamkeit der Funktionsweise des limbischen Systems bei Menschen und Hunden. Beide Arten teilen grundlegende emotionale Prozesse, insbesondere in Bezug auf Sicherheit, Selbstwirksamkeit, Bindung und Lust.

Nicht zuletzt könnte das ein Grund sein, warum sich Mensch und Hund so tief miteinander verbunden haben. Die Bedürfnisse von uns und unseren Hunden ähneln einander einfach sehr.

> Faszinierend ist die Gemeinsamkeit der Funktionsweise des limbischen Systems bei Menschen und Hunden.

Im Folgenden gebe ich dir ein paar Beispiele, wie du diese vier fundamentalen Bedürfnisse Sicherheit, Selbstwirksamkeit, Bindung, und Lust bei deinem Hund stärken kannst. Ich werde nicht detailliert auf die Trainingstechnik eingehen, da es dazu genügend Literatur gibt, die das sehr gut beschreibt.

Sicherheit

Damit dein Hund sich sicher fühlen kann, ist eine gute Basis an Vertrauen und Verbindlichkeit deinerseits nötig.

Vertrauen wächst nach und nach und wird immer tiefer, je länger dein Hund dich begleitet. Allerdings ist es keine Einbahnstraße. Dein Vertrauen gegenüber deinem Hund sollte ebenfalls immer tiefer werden, und sowohl du als auch dein Hund sollten genügend Selbstvertrauen haben.

Nehmen wir hier als Beispiel einfach mal Deckentraining, wenn Besuch kommt. Der Hund hat gelernt, auf die Decke zu gehen. Das kann er auch dann, wenn es klingelt, doch wenn der Besuch dann an der Tür steht, wird es problematisch.

Hier gibt es unterschiedliche mögliche Szenarien – exemplarisch schauen wir uns zwei an:

Der Hund steht auf und läuft zum Besuch, der Mensch steht auch beim Besuch. Der Mensch kapituliert – es hat nicht geklappt.

Der Mensch steht dicht bei der Decke, der Hund bellt, der Mensch rückt noch näher an den Hund heran.

Im ersten Fall fehlt dem Menschen (unter anderem) das Vertrauen in sich selbst, dass er es schaffen kann. Er gibt auf und der Hund hat freie Bahn. Der Mensch braucht also mehr Unterstützung. Das ist ein ganz wichtiger Punkt im „Hundetraining" – zu erkennen, dass erst einmal nicht der Hund, sondern der Mensch Hilfe braucht.

Im zweiten Fall versucht der Mensch mehr Kontrolle zu bekommen, indem er dem Hund näher auf die Pelle rückt. Wechseln wir hier mal kurz die Perspektive: Der Hund drückt durch Bellen aus, dass er eventuell schon Stress hat, weil er nicht aufstehen soll, weil Besuch kommt, weil es geklingelt hat oder was auch immer. Rückt der Mensch nun noch näher an den Hund heran, macht er die Welt des Hundes enger und kleiner, sodass sich der Stress des Hundes vergrößert. Der Hund wird das Bellen also verstärken oder zumindest nicht damit aufhören. Entfernt sich der Mensch mehr vom Hund – steht also ein bis zwei Meter entfernt, so entspannt sich die Situation für den Hund und er kann ruhig werden. Der Mensch lernt daraus, seinem Hund zu vertrauen, da dieser nun ruhig werden kann.

Je tiefer das Vertrauen in alle Richtungen ist, desto sicherer fühlen sich alle Beteiligten.

> Verbindlichkeit bedeutet einfach ausgedrückt: Du bleibst immer fair zu deinem Hund.

Verbindlichkeit bedeutet einfach ausgedrückt: Du bleibst immer fair zu deinem Hund. Du erwartest von ihm keine Dinge, die du noch nicht gut genug trainiert hast oder noch gar nicht trainiert hast. Du baust mit ihm Rituale auf, die du einhältst und deine Aussagen sind schlicht und ergreifend belastbar.

Godiva bekommt jeden Abend ein Betthupferl – einen kleinen Keks, wenn ich ins Bett gehe. Es ist schon sehr lustig, wenn ich im Bett liege und das Ritual unabsichtlich vergessen habe. Die Hundeaugen, die mich vorwurfsvoll ansehen, treiben mich sofort wieder aus dem Bett, um ihr den Keks zu holen. Rituale sind dazu da, dass sie immer stattfinden und sie hat jedes Recht dazu, mich daran zu erinnern. Mir ist total wichtig, dass sie sicher sein kann, dass ich verbindlich bin.

Du vermittelst deinem Hund auch Sicherheit, wenn du Übungen in den Schritten aufbaust, die dein Hund gut verstehen kann. Sobald du bemerkst, dass dein Hund unsicher wird, passt du deine Trainingsschritte an, machst eine Pause oder kuschelst einfach eine Runde mit ihm. Denk darüber nach, wie du ihm besser helfen kannst, damit er nicht in die Unsicherheit gehen muss. Auch dadurch wächst das Vertrauen zwischen euch.

Selbstwirksamkeit

Das eigene Verhalten hat Erfolg!

Aus meiner Sicht ist Selbstwirksamkeit das Bedürfnis, das im Hundetraining oder in der Hundeerziehung am wenigsten Beachtung findet. Ein fataler Fehler.

Jeder möchte, dass sein eigenes Verhalten erfolgreich ist. Was passiert in dir, wenn du immer wieder gesagt bekommst, was du falsch gemacht hast? Das ist frustrierend und zermürbt auf Dauer.

Kleine Geschenke erhalten die Freundschaft, besagt ein Sprichwort und genau so sollten wir es mit unseren Hunden halten. Das gilt übrigens nicht nur für Hunde, sondern für jedes andere Tier auch. Und da der Mensch auch nur ein Tier ist, gilt es auch für Menschen in deinem Umfeld.

Doch zurück zum Hund. Vor allem, wenn Hunde unerwünschtes Verhalten zeigen, sollten wir uns an das Bedürfnis Selbstwirksamkeit erinnern.

Was passiert, wenn der Hund immer wieder an der Leine zieht, immer wieder andere Hunde oder Menschen anbellt, immer wieder anspringt oder was auch immer dein Hund zeigt?

Ganz häufig machen diese Hunde die Erfahrung, dass ihr Verhalten schlecht ist. Sie werden schnell eingeschränkt und der Fokus liegt auf ihrem Fehlverhalten. Das ist verständlich, da die jeweiligen Menschen am anderen Ende der Leine oft überfordert sind. Wie schon erwähnt, ist es hier ganz wichtig zu schauen, welche Stärken der Hund hat und diese zu fördern. Die Erfahrung aus meiner Praxis ist, dass die Motivation der Menschen sinkt, mit ihren Hunden etwas zu üben, woran beide richtig viel Spaß haben, wenn der Fokus darauf liegt, das Fehlverhalten korrigieren zu wollen.

Somit wird das Bedürfnis der Selbstwirksamkeit immer weniger bedient und auch befriedigt. Das führt dazu, dass der Hund das unerwünschte Verhalten immer häufiger zeigt, da er dafür Aufmerksamkeit bekommt. An der Stelle sei noch einmal darauf hingewiesen, dass Aufmerksamkeit alles beinhaltet, was du mit deinem Hund kommunizierst.

Manchmal reduziert sich das unerwünschte Verhalten von ganz alleine, wenn der Fokus auf die Stärken des Hundes gelenkt wird und er dadurch sehr viel mehr Selbstwirksamkeit erfährt. Es gibt fortan sehr viel mehr Situationen in seinem Leben, in denen er Dinge richtig macht, als solche, in denen er etwas falsch macht.

Auch wenn es widersprüchlich erscheinen mag, arbeite ich mit einem solchen Hund genau daran, dass sein Verhalten zum Erfolg führen kann. Ich selbst liebe das Tricktraining, das ich immer und überall trainieren kann. Ich brauche für ganz viele Tricks keinerlei Hilfsmittel und kann sofort starten.

Bei positiv verstärktem Training mit den richtigen Trainingsschritten kann der Hund nun sehr viel positive Erfahrung sammeln. Er lernt, dass sein Verhalten zum Erfolg führt.

Ich benutze sehr gerne das Bild von befüllbaren Glasbehältern, die ich Säulen nenne, um zu verdeutlichen, wie wichtig es ist, dass alle „Säulen" – sprich alle vier hier beschriebenen Bedürfnisse – gut gefüllt sein müssen, damit der Hund ausgeglichen ist. So kann sich also die leere Säule des Bedürfnisses Selbstwirksamkeit nach und nach wieder füllen. Je mehr positive Erfahrung er sammeln kann, desto weniger sucht er sich Aufmerksamkeit durch unerwünschtes Verhalten.

Das heißt nicht, dass der Schalter einfach umkippt und dein Hund wie verwandelt ist. Verhalten zu verändern ist ein Prozess. Dieser Prozess betrifft nicht nur den Hund, sondern auch den dazu gehörigen Menschen. Selbst wenn der Mensch die Erfahrung gemacht hat, dass der Hund nicht mehr in die Leine rennt und bellt, wenn ein anderer Hund auftaucht, braucht der Mensch Zeit, um sich an die Verhaltensveränderung zu gewöhnen und entspannt zu bleiben, wenn ein Hund auftaucht.

Such dir an der Stelle einen wirklich guten Trainer oder eine Trainerin, die dich gut unterstützen können und die sich mit der Wirkungsweise von Selbstwirksamkeit auseinandergesetzt haben.

Auf Tricktraining gehe ich später noch weiter ein.

> Manchmal reduziert sich das unerwünschte Verhalten von ganz alleine, wenn der Fokus auf die Stärken des Hundes gelenkt wird und er dadurch sehr viel mehr Selbstwirksamkeit erfährt. Es gibt fortan sehr viel mehr Situationen in seinem Leben, in denen er Dinge richtig macht, als solche, in denen er etwas falsch macht.

Bindung

Vorneweg: Es gibt Menschen, die dir vielleicht sagen, dass du eine schlechte Bindung zu deinem Hund hast. Ich halte das für ein „Totschlag-Argument". Es ist eine Aussage, die so tief ins Herz treffen kann, dass ich dir hier mit auf den Weg geben möchte, eine solche Aussage niemals zu glauben.

Zur Bindungstheorie wird auch in Bezug auf den Hund gern auf John Bowlby – einen britischen Kinderarzt, Kinderpsychiater, Psychoanalytiker und Begründer der Bindungstheorie – verwiesen. Er hat vier Bindungstypen definiert: Sicher, unsicher-vermeidend, unsicher-ambivalent und desorganisiert. Bei seiner Bindungstheorie liegt der Schwerpunkt auf elterlicher Fürsorge und emotionaler Verfügbarkeit, besonders in den ersten Lebensjahren. Eine sichere Bindung fördert Vertrauen und Autonomie, während unsichere Bindungen mit emotionaler Unsicherheit und Beziehungsproblemen in Verbindung stehen können.

Diese Prinzipien sind nicht nur auf die Eltern-Kind-Beziehung anwendbar, sondern lassen sich auch auf die Beziehung zwischen Mensch und Hund übertragen. Ein Hund, der eine sichere Bindung zu seinem Besitzer entwickelt, zeigt oft Vertrauen und auch Selbstständigkeit. Hingegen können unsichere Bindungen beim Hund zu Unsicherheiten und Verhalten-

sproblemen führen. Die Bereitschaft zu liebevoller Fürsorge und emotionaler Verfügbarkeit durch den Besitzer fördert eine positive Bindung und stärkt die emotionale Verbindung zwischen Mensch und Hund.

Bowlbys Theorie bietet somit nicht nur eine Sicht in die menschliche Psyche, sondern gibt uns auch einen guten Einblick in das, was zwischen Mensch und Hund gelebt wird oder zum jeweiligen Zeitpunkt gelebt werden kann.

Gerade Hunde aus dem Tierschutz brauchen hier besondere Beachtung. Vielleicht hatten sie noch nie oder vielleicht nur für kurze Zeit eine sichere Bezugsperson. Deshalb brauchen sie Zeit, um eine gesunde Bindung aufbauen zu können. Wie weiter oben beschrieben, braucht es die Bereitschaft zur Fürsorge und emotionaler Verfügbarkeit für den Hund.

Es braucht die Bereitschaft zur Fürsorge und emotionaler Verfügbarkeit für den Hund.

Eine unsichere Bindungserfahrung kann nicht rückgängig gemacht werden, aber sie kann durch neue Bindungserfahrungen ergänzt werden. Das führt mit der Zeit dazu, dass der Hund sich auf mehr Bindung einlässt und sich sicherer gebunden fühlt.

Natürlich ist hier nicht zu vernachlässigen, welche Bindungserfahrung der Mensch gemacht hat. Für mich waren lange Zeit – und sind es auch heute noch häufig – „Aussagen“

von Hunden / Tieren belastbarer als die von Menschen. Einfach deshalb, weil sie ehrlich sind und nichts verschleiern. Zumindest, solange sie noch kommunizieren. Macht ein Hund wiederholt die Erfahrung, dass das Verhalten des Menschen nicht eindeutig ist und er selbst herausfinden soll, was in genau diesem Moment das richtige Verhalten ist, kann es leicht sein, dass sich ein Aggressionsverhalten bei diesem Hund entwickelt. Es kann auch sein, dass Drohverhalten des Hundes immer wieder ignoriert wurde, er dann geschnappt oder gar gebissen hat, und danach mit negativen Konsequenzen konfrontiert war. Da der Hund keine Chance mehr hat, sich richtig zu verhalten, kann es sein, dass er keine Anzeichen mehr dafür zeigt, dass er gleich nach vorne gehen wird. Er hat sein Drohverhalten, was eine wichtige Form der Kommunikation ist, eingestellt. Er hört somit auf, zu kommunizieren und Vorstufen seiner Anspannung zu zeigen. Mit solchen Hunden muss zuerst wieder Vertrauen aufgebaut werden und eine verbindliche und belastbare Kommunikation hergestellt werden. Erst dann fangen sie wieder an, wirklich in allen Drohstufen zu kommunizieren.

Authentizität ist etwas, was wir von Hunden oder auch anderen Tierarten sehr gut lernen könnten, wenn wir denn offen dafür werden oder sind.

Authentizität ist etwas, was wir von Hunden oder auch anderen Tierarten sehr gut lernen könnten, wenn wir denn offen dafür werden oder sind.

Lust

Lust wird von vielen gleich mit Sexualität in Verbindung gebracht. Damit hat es natürlich auch zu tun, aber nicht nur. Ob wir etwas mit Lust machen oder einfach nur so, ist ein riesiger Unterschied.

Freude oder Spaß könnte ich natürlich auch verwenden, doch das trifft nicht so sehr, was ich damit meine. Lust hat tatsächlich auch eine körperliche Komponente. Mache ich mich mit Lust ans Training oder ans Lösen einer Aufgabe, so ist das ein Gefühl, das sich in meinem ganzen Körper ausbreitet. Freude ist etwas, das mich lächeln lässt, was mich vielleicht auch still sein lässt, was mich berührt. Es ist zarter als Lust. Naja, zumindest ist es bei mir so. Du kannst dir gerne das Wort dafür nehmen, das für dich besser passt.

Es gibt kein erfüllteres Training als eins, das sowohl bei dir als auch bei deinem Hund mit Lust stattfindet. Der Unterschied von „das muss ich noch erledigen" – also mit dem Hund trainieren – zu lustvoll loszulegen und sich ins erfolgsversprechende Training zu schmeißen ist enorm.

Wie trainierst du in der Regel mit deinem Hund? Ist es ein Abarbeiten von Aufgaben oder empfindet ihr beide Lust dabei?

Wie trainierst du in der Regel mit deinem Hund? Ist es ein Abarbeiten von Aufgaben oder empfindet ihr beide Lust dabei?

Schreib mir sehr gerne deine Erfahrung.

Hier gehört für mich auch dazu, mit dem Hund einfach Blödsinn zu machen. Sich selbst frei zu bewegen, zu tanzen, sich auf den Boden zu legen, einfach loszurennen ... und zu schauen, was dein Hund dazu meint und wie er sich dazu verhält.

Schlägt er über die Stränge und springt an, dann ist ihm das zu viel und du solltest eine Spur runterschalten. Ihr sollt ja beide mit Lust bei der Sache sein.

Spiel gehört auch mit dazu.

Ich liebe Zerrspiele! Sie brauchen aber die Regeln, dass dein Hund loslässt, wenn du das möchtest, dass er dich dabei nicht anspringt und dass er dir nicht in die Hände beißt oder knabbert. Dann kannst du sehr gut Zerrspiele spielen. Und viele Hunde lieben diese Art des Spiels.

Alles, was du mit wirklich körperlicher Beteiligung tust, kann lustvoll sein.

Werte

Kurz möchte ich hier noch auf das Thema Werte eingehen.

Kennst du deine Werte in Bezug auf die Beziehung mit deinem Hund? Wenn nicht, ist es eine gute Idee, dir ein paar Minuten Zeit zu nehmen, dich mit einem Blatt Papier und einem Stift hinzusetzen und dir Gedanken zu machen, welche Werte dich in Bezug mit deinem Hund begleiten.

Bei mir ist zum Beispiel in so gut wie jedem Bereich meines Lebens Respekt mein höchster Wert. Andere Werte in Bezug auf meine Hündin sind Fairness, Empathie, Geduld, Toleranz, Authentizität, Verbindlichkeit und Freiheit – um ein paar zu nennen. Such dir gerne weitere Werte und schau, welche dich ansprechen und für dich stimmig sind.

Nimm dir für den Anfang vielleicht zehn Werte. Wenn du die hast, überleg dir, ob du sie selbst lebst und wenn ja, wie häufig. Was ist, wenn du deine Werte nicht lebst? Kommst du zu dem Schluss, du lebst deine Werte wirklich zu einem sehr großen Teil, dann gratuliere ich dir von Herzen. Lebst du sie manchmal nicht oder vielleicht sogar häufiger nicht, dann nimm dir einen Wert und konzentriere dich darauf, dass du diesen lebst.

Wenn du anfängst, dir über Werte Gedanken zu machen, kann es sein, dass du ab und zu auf einen Konflikt zwischen deinen Werten und deinen Bedürfnissen stößt. Das ist ganz normal, so ist das Leben. Dann gilt es, eine Entscheidung zu treffen. Was ist dir wichtiger: Dein Wert oder dein Bedürfnis?

Dabei gibt es kein Richtig oder Falsch. Diese Auseinandersetzung führt zu mehr Klarheit und zu einem bewussteren Selbst. Lebe ich immer meine Werte? Nein, ich bin nicht perfekt. Doch ich mache mir so oft wie möglich bewusst, wenn ich es nicht tue. Und in Verbindung mit meinem Hund bin ich schon richtig gut.

Werte in Bezug auf meine Hündin sind Fairness, Empathie, Geduld, Toleranz, Authentizität, Verbindlichkeit und Freiheit.

Lade dir gerne meine Werteliste hier herunter. Sie kann dir zu Inspiration dienen, damit du deine Werte leichter finden kannst. Bestimmt ist sie nicht vollständig, erweitere sie für dich um deine Werte, die für dich wichtig sind.

„Das Blöde an meiner Mimik ist, dass sie ohne mein Einverständnis anderen meine Meinung mitteilt.“

Unbekannt

Teil II

Kommunikation ist die Basis einer guten Beziehung

„Ich würde meinen Hund so gerne besser verstehen!“

Das ist der Wunsch vieler meiner Kunden, wenn sie sich bei mir melden. Dieses Bedürfnis ist sehr gut nachvollziehbar, denn wenn sie ihren Hund besser verstehen, können sie sehr viel besser nachvollziehen, warum er das eine Verhalten zeigt, das er lieber nicht zeigen soll und ein anderes Verhalten nicht ausführt, obwohl es erwünscht wäre.

Gehen wir zurück zu Petra aus der Einführung zu Teil I des Buchs.

Petra ist sehr bestrebt, die Übungen, die ich ihr zeige, mit Paul sehr exakt auszuführen. So soll Paul zum Beispiel bleiben, während sie ein Leckerchen an den nahen Wegesrand legt. Damit stößt sie jedoch immer wieder an ihre Grenzen, nämlich immer dann, wenn Paul sich nicht genau an die Übung hält. Er ist vielleicht abgelenkt, versteht die Übung nicht richtig, testet gerade ein wenig die Grenzen aus, ist mit dem angebotenen Verstärker nicht motiviert genug oder was auch immer. In den Kopf von Paul können wir nicht schauen, wir können allerdings seine Antwort zur Kenntnis nehmen mit einem „Aha“ (s. S. 30).

An dem Punkt wird Petra allerdings unsicher. Sie gibt ihr Bestes, um die Übung umzusetzen und Paul macht nicht mit („Er nimmt mich nicht ernst“, ist ihre Aussage). Sie fängt dann an, mehr mit Paul zu sprechen, da ihre aufsteigende Nervosität ein Ventil braucht. Vielleicht ist sie das in Situationen, in denen sie nervös wird, einfach auch gewohnt.

Hilfreich ist es allerdings nicht, wenn sie Paul die „Welt erklärt“. Und die Aufmerksamkeit von Paul wird dadurch auch nicht gerade gebündelt.

Ich stoppe die Übung und wir sprechen darüber, was gerade in ihr vorgeht. Ihr ist nicht bewusst, dass sie so viel mit Paul redet. Wir brauchen eine Möglichkeit, damit Petra bemerkt, wie sie mit Paul kommuniziert. Paul wiederum teilt uns – in dieser konkreten Situation – recht klar mit, dass er lieber gleich das Leckerchen haben möchte, ohne vorher zu warten. „Bleib“ an sich kann er schon, aber in diesem Kontext fällt es ihm schwer. Ich zeige Petra, wie sie vorgehen soll, damit Paul bleiben kann, doch es fällt ihr schwer abzuwarten, bis ich fertig bin mit meiner Erklärung und auch mit dem, was ich gerade mit Paul übe.

Es kommt gar nicht so selten vor, dass Menschen einfach zu reden beginnen, wenn sie unsicher werden. Vielleicht hast du das bei dir auch schon einmal beobachtet.

Gut ist, wenn du dann einen Moment innehalten kannst und dir bewusst machst, was gerade passiert. Wie kommunizierst du gerade mit deinem Hund und dein Hund mit dir?

Kommunikation ist keine Einbahnstraße, sondern vielmehr ein permanentes Aufeinander-Reagieren und Sich-Anpassen. Wobei Anpassen nicht immer im Sinne des Gegenübers sein muss.

Kommunikation ist keine Einbahnstraße, sondern vielmehr ein permanentes Aufeinander-Reagieren und Sich-Anpassen.

Die Chance zu haben, sein Gegenüber in seiner Form der Kommunikation zu verstehen, darum geht es in Teil zwei. Um noch mehr in die Art und Weise der Kommunikation deines eigenen Hundes einzusteigen, hilft es sehr, wenn du in die Welt aus Sicht deines Hundes einsteigst und seine Perspektive einnimmst. Die Erkenntnisse daraus sind überaus wertvoll und manchmal auch bahnbrechend.

Einfach ausgedrückt geht es jetzt also darum: Wie versteht ihr euch und wie macht ihr euch das klar?

„Du kannst aufhören zu sprechen, aber dein Körper spricht weiter. Er ist der größte Schwätzer aller Zeiten.“

Samy Molcho

Kommunikation

Kommunikation ist der zentrale Punkt in der Verständigung zwischen zwei Wesen. Sind wir nicht in der Lage, eine gemeinsame Sprache zu finden, die für uns beide verständlich ist, wird Verstehen schwer bis unmöglich.

So ist das auch zwischen Mensch und Hund. Wir müssen uns auf bestimmte Kommunikationsmuster einigen. Das müssen nicht unbedingt allgemeingültige Formen der Kommunikation sein, sie müssen nur von beiden Seiten verstanden werden.

Du musst Sitz nicht Sitz nennen, nur weil es viele so tun. Du kannst dazu eine andere Sprache wählen oder ein Phantasiewort benutzen. Das wird dann die Verständigung zwischen deinem Hund und dir sein. Du darfst nur nicht davon ausgehen, dass dein Hund auf Sitz reagiert, wenn das nicht eurer Übereinkunft entspricht, wenn dein Hund sich setzen soll.

Ich zum Beispiel nutze italienische Signalworte, da mir die vorgegeben waren, als ich Fitz 1999 als Patenhund von einer Blindenführhundeschule zu mir nahm. Für mich hat sich das als sehr praktisch herausgestellt, weil er auf Signalworte, die ich mit meinen Kunden besprochen habe, einfach nicht reagierte, weil er sie schlicht und ergreifend nicht kannte.

Ich fände die Welt sehr viel bunter, wenn sich Menschen ihre eigenen Worte überlegen würden, die sie ihrem Hund beibringen. Es würde die Kreativität anregen und es würde uns noch ein wenig weiter von rein formalen Ausbildungsinhalten wegbringen, die ohnehin bei vielen Hunden nicht funktionieren. Oder wer hat schon einen sogenannten Standardhund zuhause, bei dem der Aufbau von Übungen genauso funktioniert, wie sie in einem Buch beschrieben sind?

Leben funktioniert anders. Es erfordert Flexibilität, und Flexibilität braucht manchmal Kreativität, wenn es darum geht, schnell seine eigene Strategie anzupassen, wenn man mit der vorherigen nicht zum Hund durchdringen konnte. Wir

> Sind wir nicht in der Lage, eine gemeinsame Sprache zu finden, die für uns beide verständlich ist, wird Verstehen schwer bis unmöglich.

Trainer sagen gern, und das stimmt einfach immer wieder: Wenn du das Verhalten deines Hundes ändern willst, musst du zuerst dein eigenes Verhalten ändern!

Verbale Kommunikation

Unter verbale Kommunikation fällt alles, was wir an Lautäußerungen produzieren. In der Regel sind das Worte, die wir an unseren Hund richten.

Ein Signal kann als Hörzeichen und als Sichtzeichen aufgebaut werden. Es kann auch so aufgebaut werden, dass der Hund lernt, dass er auf ein bestimmtes Geräusch ein entsprechendes Verhalten zeigen soll. Wenn es zum Beispiel klingelt, soll der Hund sich auf seine Decke begeben.

Je eindeutiger wir in unserer verbalen Kommunikation sind, desto einfacher kann der Hund verstehen, was wir wollen. Na, kommt bei dir der Gedanke auf, dass du das schon tust – richtig und vollkommen verständlich kommunizieren? Oder schätzt du dich eher so ein, dass du dich in Bezug auf das Thema „Kommunikation mit deinem Hund" verbessern kannst? Sich die Zeit zu nehmen und diesen Gedanken noch einmal ganz genau zu überprüfen, ist sehr sinnvoll.

Vielen Kunden verwenden als Hörzeichen „Komm", wenn der Hund zurück zu ihnen kommen soll. Komm ist allerdings kein eindeutiges Hörzeichen, da es in unserem Sprachgebrauch häufig als Füllwort benutzt wird. „Komm wir gehen jetzt", „Komm steig ins Auto", „Komm mal her" auch dann, wenn es nicht wirklich ernst gemeint ist.

Mal soll der Hund bei „Komm" herkommen, mal vom Menschen weggehen und mal soll er sich mit dem Menschen mitbewegen. So betrachtet wird es vermutlich klar, dass die Eindeutigkeit fehlt. Das war ein einfaches Beispiel.

Komplexer wird es dann, wenn der Mensch gleich mehrere Dinge vom Hund möchte. Es kommt ein Auto und dein Hund läuft frei. Er befindet sich zwischen dir und dem Auto. Seine Beschäftigung: Ausgiebiges Schnuppern am Wegesrand. Jetzt bist du auf einen schnell ausgeführten Rückruf angewiesen.

Wenn nun der Rückruf nicht direkt funktioniert, passiert etwas sehr Skurriles. Die Stimme wird lauter und hektischer – sie vermittelt Nervosität und Unsicherheit. Genau das, was in einem Menschen zu dem Zeitpunkt vor sich geht. Es werden unterschiedliche Worte für den Rückruf benutzt, in der Hoffnung, dass irgendeines funktionieren könnte. Vielleicht hat der Hund eine Vorstellung von Signalen, die auf Distanz funktionieren, dann könnte es sein, dass der Hund Sitz oder Platz machen soll.

Weiterhin schnüffelt der Hund am Wegesrand und scheint unbeeindruckt, was um ihn herum passiert. Er ist versunken in einer Duftwolke, die seiner Nase und den daran anschließenden Geruchswegen schmeichelt und bekommt nicht mit, was um ihn herum passiert. Er registriert in dem Moment weder das herannahende Auto noch das Rufen des Menschen. Zu weit ist die Aufmerksamkeit seines Gehirns von den Begebenheiten entfernt. Er gibt sich voll und ganz seinem Bedürfnis hin in dieser Duftwolke für eine Zeit und auf jeden Fall für diesen Moment zu versinken.

Diese Situation kann durchaus gefährlich sein, nämlich dann, wenn der Hund entscheidet, er könnte sich wieder auf den Weg machen und sich einem Duft auf der anderen Wegseite widmen.

Die Sorge des Menschen ist berechtigt. Und die Nervosität verständlich.

Die Frage, die sich stellt: Gibt es in diesem Moment eine funktionierende Kommunikation für genau diese Situation?

Ganz offensichtlich nicht!

Doolittle war 2005 geboren und war mit einem sehr eigenwilligen Charakter gesegnet. Was ihn auszeichnete und mich manchmal zur Verzweiflung brachte: Wenn er etwas entschieden hatte, so war er mit ganzer Leidenschaft dabei. Wir hatten den Rückruf total gut trainiert und er konnte gut zurückkommen. Dachte ich ...

Wir gingen einen schmalen Weg zwischen Feld und Wiese entlang, recht nah von zuhause. Doolittle lief voraus und vergnügte sich an den Gerüchen irgendwelcher Grashalme. Da es eine Strecke war, die sehr viele Hundebesitzer gingen, war das nicht weiter verwunderlich. Es gab genügend zu erschnuppern.

Also setzte ich zum Rückruf an, kann ja nicht schaden, den weiter zu üben. Bei Doolittle – keine Reaktion. Ich rief nochmal – natürlich lauter, ging auf ihn zu und rief. Keine Reaktion. Dann stand ich neben ihm und zog ihm am

Halsband von seiner Schnupperstelle weg. Das war ein Erlebnis, das ich mein Leben lang nicht vergessen werde.

Ich war sauer, weil dieser doofe Hund nicht kam – ja, solche Gedanken sind durchaus erlaubt und man darf sie auch äußern, da sie für den Moment gedacht sind.

Dann schaute Doolittle mich an. Seine Augen waren total verklärt und sein Maul bewegte sich immer wieder in kleinen, leisen Bewegungen auf und zu – er flehmte. Dieser Hund war in einer völlig anderen Welt, in der ich überhaupt keinen Platz hatte.

Das war der Zeitpunkt, zu dem mir klar wurde, dass er mich überhaupt nicht hören konnte – so weit war er weg. Diese Lernerfahrung war für mich ein Gamechanger in Sachen Rückruf.

Meine Wut legte sich augenblicklich und ich bin Doolittle unglaublich dankbar, dass er mir ermöglicht hat zu lernen, dass ich mit ihm trainieren musste: er konnte in eine andere Welt abtauchen, doch es ist sehr sinnvoll, dass ein Fussel seiner Aufmerksamkeit noch bei mir ist.

Hörzeichen, die immer wieder gegeben werden, sind auch eine kommunikative Vereinbarung. Auf das wievielte Hörzeichen führt dein Hund das Verhalten aus? Wird er immer wieder belohnt für eine unterschiedliche

Anzahl von Hörzeichen, kann er sich aussuchen, beim wievielten er das gewünschte Verhalten zeigt.

Es ist dann immer noch das gewünschte Verhalten. Dein Hund kann nicht wissen, dass du mal nach dem spätestens zweiten Rufen eine Reaktion erwartest und es ein anderes Mal o. k. ist, wenn er erst nach dem fünften Rufen kommt.

Der Moment, in dem ein Kunde sagt: „Jetzt habe ich es schon wieder getan" ist der Schlüssel zum Erfolg. Dann wird ihm bewusst, was er tut.

Vielleicht erscheint das jetzt witzig, doch das ist Alltag, wenn man mit Menschen mit Hund arbeitet. Es wurde schon so oft praktiziert, dass es kein bewusstes Verhalten des Menschen mehr ist. Es läuft automatisch ab. Der Moment, in dem ein Kunde sagt: „Jetzt habe ich es schon wieder getan" ist der Schlüssel zum Erfolg. Dann wird ihm bewusst, was er tut.

Wenn dir bewusst wird, wie du mit deinem Hund kommunizierst, kannst du dein Verhalten ändern.

Hunde kommunizieren ebenfalls mit ihrer Stimme. Ein Bellen ist nicht gleich ein Zeichen von Aggression und ein Knurren nicht gleich ein Zeichen von Angriff. Sie sind erst einmal nur ein Mittel der Kommunikation. Was ein Hund damit genau ausdrücken möchte, wird erst klar, wenn wir den Kontext betrachten, in dem er seine Form der stimmlichen Kommunikation zeigt.

Es gilt genau hinzuschauen, was der Hund ansonsten signalisiert. Dazu kommt gleich ein wenig mehr im Kapitel Körpersprache. Bellen ist auch nicht gleich Bellen und Knurren nicht gleich Knurren. Hunde stufen ihre Lautäußerungen sehr wohl ab. Lerne sie genau kennen.

Godiva knurrt mich zum Beispiel an, wenn sie rausmuss. Da mir das gefiel, habe ich es verstärkt. Sie hat es von sich aus gezeigt, ohne jegliche Form von Aggression. Durch die Verstärkung hat sich daran nichts geändert – sie bleibt völlig gelassen dabei.

Mein Buchtipp

Ein prima Buch, um die Äußerungen deines Hundes besser sehen und deuten zu lernen, ist „Emotionen sehen lernen" von Katja Krauß und Gabi Maue.

Nonverbale Kommunikation

Ich liebe nonverbale Kommunikation! Sie ist so leicht, reduziert und gleichzeitig sehr herausfordernd. Der Mensch als solcher spricht in der Regel sehr gerne und tut dies auch leidenschaftlich mit dem Hund.

Baust du mit deinem Hund für ein Signal ein Hör- und ein Sichtzeichen auf, wird sich dein Hund eher am Sichtzeichen orientieren. Was spricht also dagegen, bei den Basissignalen anzufangen und sie mal nur nonverbal zu geben? Versuche mal in den nächsten beiden Tagen deinem Hund Sitz und Platz nur nonverbal zu kommunizieren. Und beobachte dich dabei, was in dir passiert. Dabei gibt es mal wieder kein Richtig oder Falsch. Es ist dein Empfinden, und alles, was du dabei fühlst, ist richtig.

Sollte ein Gedanke auftauchen, der dir einreden möchte, du müsstest dieses oder jenes empfinden, kannst du ihn getrost ziehen lassen. Er kann sich woanders ausbreiten. Sollte der Gedanke hartnäckig verharren wollen, ist es eine gute Strategie, mit ihm einen Termin für später zu vereinbaren. Du versicherst ihm, dass du dir zu dem Termin Zeit für ihn nehmen wirst. Das ist generell eine gute Übung in Bezug auf Gedanken, für die gerade kein Raum ist.

Eine ganz grobe Einteilung könnte sein: Es kommt dir entgegen, dass du nicht sprichst oder es fällt dir schwer und dir rutscht immer wieder das Hörzeichen raus.

Durch nonverbale Kommunikation bekommst du sehr viel mehr Aufmerksamkeit von deinem Hund als wenn du immer mit ihm sprichst. Aufmerksamkeit ist ein sehr großes Geschenk deines Hundes und du brauchst sie immer, wenn du mit ihm trainierst oder rausgehst.

Da Hunde oft taub werden oder sehr viel schlechter hören können, wenn sie alt werden, ist es ein riesiger Vorteil, wenn sie gelernt haben, dass der Mensch auch nonverbal mit ihnen kommuniziert. Die Rückorientierung meiner Hunde hin zu mir war Gold wert, wenn sie alt waren.

> Sollte der Gedanke hartnäckig verharren wollen, ist es eine gute Strategie, mit ihm einen Termin für später zu vereinbaren.

Körpersprache

Kommunikation über Körpersprache ist die wichtigste Form der Kommunikation von Hunden. Deshalb ist das auch die wichtigste Form, wenn dein Hund mit dir kommuniziert.

Leider konzentrieren sich die meisten Menschen viel zu wenig darauf, was ihr Körper signalisiert beziehungsweise wie ihr Körper kommuniziert. In meiner Praxis mache ich häufig die Erfahrung, dass meine Kunden kein Bewusstsein dafür haben, was ihr Körper gerade macht. Trotz der Anweisung, dass sie aufrecht stehen bleiben sollen, beugt sich der Oberkörper immer wieder nach vorne. Eine der Erklärungen ist dann: Der Hund ist ja so weit unten. Dabei spielt die Größe des Hundes gar keine Rolle. Hunde sind ja immer weiter unten, wenn wir aufrecht stehen.

An der Stelle brauchen wir erst einmal eine kleine Abhandlung darüber, was es bedeutet, wenn wir uns nach vorne beugen. Zum einen könnte es den Hund natürlich ungewollt beeindrucken, da er sich durch diese Körperhaltung begrenzt oder gar korrigiert fühlt.

Doch mir geht es hier viel mehr darum, was es für den Menschen bedeutet, wie er steht. In dem Moment, in dem sich der Mensch zu weit nach vorne beugt, macht er sich klein. Auch wenn er das in dem Moment nicht bewusst wahrnimmt, löst diese Körperhaltung dennoch etwas in ihm aus. Nämlich genau das – er macht sich klein. Steht er hingegen aufrecht, fühlt er sich gleich souveräner und sicherer. Da Sicherheit zu den essenziellen Bedürfnissen gehört, ist es enorm wichtig, dass der Mensch das versteht und dem Hund vermittelt. Dadurch entsteht sofort mehr Vertrauen auf beiden Seiten.

In der Theaterpädagogik spricht man von hohem oder tiefem Status. In einem hohen Status hat man eine aufrechte Körperhaltung, in einem tiefen eine eher gebeugte Haltung mit gesenktem Blick. Mehr dazu findest du in einem Auszug, der dir hier als Download zur Verfügung steht, aus meinem Buch „Theater spielen mit dem Hund".

Allerdings bedarf es etwas Übung, damit es möglich ist, immer wieder eine aufrechte Haltung einzunehmen. Aufrecht heißt nicht stocksteif und kerzengerade aufrecht zu stehen. Mein Blick ist schon beim Hund, also senke ich den Kopf natürlich etwas ab.

Übe dich darin und prüfe immer wieder, was du dabei fühlst. Alles ist richtig, was da ist – ich werde nicht müde, das immer wieder zu betonen.

Ich spreche hier nicht davon, wenn du mit deinem Hund zum Beispiel „Platz“ aufbaust. Da gehst du zu Beginn natürlich zum Hund runter, um ihm zu zeigen, was du von ihm möchtest und lockst ihn ins Platz. Mir geht es darum, wenn dein Hund diese Übung schon kann und du sie bei ihm abrufst.

Ein anderer sehr schöner „Fehler“, der immer wieder passiert: Der Hund ist an der Leine und der Mensch möchte, dass der Hund näherkommt, sich hinsetzt oder was auch immer. Ganz häufig bewegt sich als erstes die Hand, in der die Leine ist, dann erst wird der Hund angesprochen und bevor der Hund erfährt, was er tun soll, ist die Leine schon auf Zug.

In der Regel spreche ich meine Kunden dann so an: „Was macht denn dein rechter Arm?“

Sie schauen zum rechten Arm und die Antwort ist so gut wie immer: „Das weiß ich nicht“. Eine Kundin sagte sogar mal: „Das habe ich nicht getan!“ Darauf meinte ich „Wer war es denn dann?“, worauf wir beide herzhaft lachten.

Was der Körper des Menschen macht, wenn der Hund angeleint ist, ist sehr kurios. Doch das Schwerwiegende daran ist, dass es keine bewussten Handlungen sind. Meine Aufgabe besteht darin, den Menschen immer wieder darauf aufmerksam zu machen, dass der Arm, die Hand oder beide Arme gerade etwas tun, was nicht der Aufgabe entspricht. Das mache ich so lange, bis ich höre: „Jetzt habe ich es schon wieder getan.“ Das ist der Zeitpunkt, zu dem meinen Kunden bewusst wird, dass ihr Körper gerade etwas tut, was sie zu dem Zeitpunkt nicht möchten. Von da an können sie ohne meine Unterstützung an der

Was der Körper des Menschen macht, wenn der Hund angeleint ist, ist sehr kurios. Doch das Schwerwiegende daran ist, dass es keine bewussten Handlungen sind.

Körperwahrnehmung arbeiten. Es wird ihnen nun immer mehr bewusst, was sie tun.

Überhaupt ist das Gehen an der Leine nicht nur eine Sache, bei der der Hund unerwünschtes Verhalten zeigt. Es gilt genauso mit den Menschen daran zu arbeiten, wie sie einen vernünftigen Umgang mit der Leine bekommen können.

Gemeinsamkeiten in der Körpersprache Mensch - Hund

Hier gibt es ganz viele Gemeinsamkeiten, und wenn wir uns mit unserer eigenen Körpersprache mehr auseinandersetzen würden, käme uns die Körpersprache von Hunden sehr viel bekannter vor. Ich möchte hier nur exemplarisch auf ein paar Gemeinsamkeiten eingehen. Du kannst dich hier sehr gerne auf „Forschungsreise" begeben und herausfinden, wo du noch weitere findest.

Den Blick abwenden ist ein Beispiel. Zwischen Menschen, die sich wenig oder gar nicht kennen, baut sich genauso Spannung auf wie bei Hunden, wenn sie sich einen Tick zu lange in die Augen schauen. Besser, der Blick wird immer wieder abgewandt, dann können alle Beteiligten entspannt bleiben.

Ein weiteres Beispiel sind die Vorderpfoten des Hundes. Drückt der Hund sie durch, wirkt er steifer und aufrechter. Dadurch verschafft er sich ein wenig mehr Distanz zum anderen Hund.

Möchte man den Hund in seiner Gesamtheit verstehen, reicht es bei weitem nicht aus, nur einen Körperteil zu betrachten. Man muss den ganzen Körper anschauen und auch den Kontext in Augenschein nehmen.

Dieses Verhalten können wir auch bei Menschen beobachten, die einen anderen Menschen auf etwas mehr Distanz halten möchten. Wir begrüßen uns in der Regel, indem wir uns die Hand geben. Dabei winkeln wir den Ellbogen an und strecken die Hand aus. Aber es gibt auch die Variante, den Ellbogen nicht anzuwinkeln, sondern den ganzen Arm auszustrecken. Dadurch entsteht mehr Distanz zum Gegenüber.

Hier noch ein drittes und letztes Beispiel:

Wenn ein Mensch aufrecht steht und seinen Oberkörper etwas nach vorne schiebt – sich aber nicht beugt, zeigt er sich präsenter und beansprucht in der Haltung mehr Aufmerksamkeit und Raum.

Bei Hunden ist das genau gleich. Der Hund hat die Möglichkeit, entspannt aufrecht zu stehen oder sich ein wenig nach vorne auszurichten. Richtet er sich mehr nach vorne aus, beansprucht auch er mehr Raum und Aufmerksamkeit.

Richtet der Hund sich eher nach hinten, so nimmt er sich zurück und gibt einem anderen Hund mehr Raum. Dabei zeigt er natürlich noch weitere körpersprachliche Signale. Das ist bei uns Menschen auch so. Nehmen wir uns zurück, geben wir unserem Gegenüber mehr Raum.

Diese Verhaltensweise sollte vor allem dann überdacht werden, wenn Hunde anspringen. Die erste Reaktion ist häufig, dass wir zurückweichen oder zumindest unseren Körper zurücknehmen. Wir geben dem Hund also den Raum, anzuspringen. Neben einem sinnvollen Training, damit der Hund lernen kann unten zu bleiben, ist es jedoch gut, sich darin zu üben, mal nicht auszuweichen.

> Möchte man den Hund in seiner Gesamtheit verstehen, reicht es bei weitem nicht aus, nur einen Körperteil zu betrachten.

Nähe

> Mir fiel es schon immer leichter, Nähe zu Tieren zuzulassen als zu Menschen. Tiere waren immer authentisch und immer verbindlich.

Wir leben in einer sehr herausfordernden Zeit. Sie ist schnelllebiger geworden, künstliche Intelligenz breitet sich immer mehr aus mit all den Vor- und Nachteilen, Verbindlichkeit unter Menschen wird weniger und die einzelnen Egos beanspruchen mehr Platz.

Eine Zeit, in der sich jeder nach Nähe sehnt – doch wie und wo kann man sie finden? Und wie genau funktioniert sie und wie viel Nähe kann jeder Einzelne zulassen?

Mir zum Beispiel fiel es schon immer leichter, Nähe zu Tieren zuzulassen als zu Menschen. Tiere waren immer authentisch und immer verbindlich. Zuhause hatten wir früher immer Katzen. Mein erster Kater – den ich eingangs schon erwähnte – war sehr eigen und nicht sonderlich verschmust. Wenn ich ihn streichelte und er es nicht mehr wollte, hat er mir das signalisiert und ich habe es auch verstanden. Wenn ich ihn trotzdem weiter streichelte, kratze er mich oder biss. Das fand ich super verbindlich. Normalerweise habe ich aufgehört und von Zeit zu Zeit musste ich mich wohl erkundigen, ob er es wirklich so meinte. Ja, meinte er!

So finde ich das mit Hunden auch. Wenn mir ein Hund sagt: „Nicht anfassen", dann lasse ich das. Ich bin schon lange aus dem Alter raus, dass ich das nochmal genau wissen möchte, was mir ein Tier signalisiert. Ich weiß, dass sie verbindlich sind. Anders als Menschen eben – zumindest aus meiner Sicht.

Im Folgenden möchte ich Nähe auf drei Ebenen – körperlich, geistig und emotional – betrachten und dich mitnehmen in meine Welt, wie ich Nähe – vor allem in Verbindung mit Hunden – verstehe.

Körperliche Nähe

Körperliche Nähe mit einem Hund geht weit über Streicheln, den Spaziergang und einfach nur Berühren hinaus. Es ist eine sehr stille, feine Form der Kommunikation. Wenn ich mich zu Godiva auf den Boden setze, kommt sie sofort und schmiegt sich ganz eng an mich an. Sie liebt diese Form von Körperkontakt. Manchmal habe ich das Gefühl, sie gibt ihr ganzes Gewicht an mich ab und möchte gehalten werden. Für mich ein sehr schöner Vertrauensbeweis.

Eine Übung, die ich meinen Kunden gerne zeige, ist: Wenn der Hund steht, die Hand an seinen Oberschenkel legen und ganz leichten Druck aufbauen. Um herauszufinden, wie stark oder leicht der Druck sein kann, gilt es zu spüren, ob der Hund ausweicht oder sich gegen die Hand lehnt. Weicht er aus, sollte der „Druck“ so weit reduziert werden, dass der Hund stehen bleiben kann. Vielleicht ist es am Anfang dann auch nur so, dass die Hand in der Nähe des Oberschenkels ist.

Lehnt sich der Hund an die Hand an, gilt es, ihn zu halten und ihm damit Sicherheit zu geben. Das kannst du ein paar Sekunden halten und dann ganz langsam wieder lösen. Beim Lösen musst du unbedingt darauf achten, dass du das langsam machst. Der Hund darf die Möglichkeit haben, nach und nach zu realisieren, dass er sein Gewicht nun wieder alleine halten kann und sich auf den Hinterläufen stabilisiert.

Auch an der Schulter kann die Körperübung wunderbar durchgeführt werden. Auch dort sind die Muskelgruppen groß genug, um gut spüren zu können, ob der Hund Gewicht abgibt oder eben nicht.

Diese Übung erinnert vielleicht ein wenig an isometrische Übungen für den Hund – falls du davon schon etwas gehört hast. Doch für mich dient diese Übung weder zum Muskelaufbau noch wird sie durch Futter belohnt. Sie stellt für mich eine Verbindung zwischen Mensch und Hund dar, in der beide lernen, sich sehr viel mehr zu spüren. Jeder in seinem Tempo, jeder so, wie er kann. Immer mit dem Fokus darauf, dass es um körperliche Nähe geht und darum, den anderen in seinem Sein wahrzunehmen.

Im Grunde geht es bei dieser Übung nicht alleine um das Thema Nähe. Es geht auch um Distanz. Sollte dein Hund sich entfernen, ist das völlig in Ordnung. Ebenso, wenn er es noch nicht mag, direkt angefasst zu werden oder vielleicht ausweicht.

Körperliche Nähe mit einem Hund geht weit über Streicheln, den Spaziergang und einfach nur Berühren hinaus. Es ist eine sehr stille, feine Form der Kommunikation.

Ein wirklich gut gemeinter Rat: Spüre immer wieder in dich, ob die Nähe für dich gut ist oder ob du lieber ein wenig mehr Distanz hättest. Vielleicht hättest du auch gerne ein wenig mehr Nähe zu deinem Hund, als er gerade bereit zu geben ist. Dann gib ihm einfach ein wenig Zeit und biete deine Nähe mit dieser Übung immer wieder wohlwollend an.

Hier findest du eine Audiodatei, in der ich dir genau beschreibe, wie du diese Übung ausführen kannst.

Geistige Nähe

Die geistige Nähe zwischen Mensch und Hund zeigt sich in der feinen Abstimmung aufeinander. Es ist die Fähigkeit, die Bedürfnisse und Emotionen des anderen zu erkennen und zu verstehen. Nennen wir es ein gemeinsames Abenteuer. Sei es das Lernen neuer Tricks oder das Erkunden neuer Orte, das alles schafft geistige Verbundenheit.

Zu Beginn, als Godiva bei mir war, wurde sie nervös, wenn ich mich auf dem Spaziergang zu weit von ihr entfernte. Sie war noch mit Schnuppern beschäftigt und ich ging weiter. War ich mehr als 10 - 15 Meter von ihr weg, wenn sie weiterging, rannte sie immer wieder wie wild mehrmals hin und her und ließ sich dabei auch nicht abrufen.

> Kannst du gut geistige Nähe mit deinem Hund herstellen, wird es dir leichter fallen, ihn zu verstehen.

Das hat dazu geführt, dass ich sie genauer beobachtet habe. Dabei fand ich heraus, dass sie sich nie weiter als diese 10 - 15 Meter von mir entfernte. Entweder drehte sie sich dann zu mir um oder sie begann zu schnuppern. Ich dachte, vielleicht sollte ich das auch tun und siehe da, das nervöse Hin-und-Her-Gerenne hörte damit auf. Das war nur durch unsere geistige Nähe möglich und dadurch, dass ich bereit war, mich auf sie einzulassen.

Wenn du Tricks mit deinem Hund aufbaust oder auch irgendeine andere Übung, wird es immer wichtig sein, dich mit deinem Hund auf einer geistigen Ebene zu verbinden. So kannst du leicht mitbekommen, wann es deinem Hund zu viel ist, er sich nicht mehr konzentrieren kann, die Trainingsschritte zu groß oder zu klein sind oder ob es eventuell eine Übung ist, die nicht zu deinem Hund passt.

Kannst du gut geistige Nähe mit deinem Hund herstellen, wird es dir leichter fallen, ihn zu verstehen, da du dich nicht mehr hauptsächlich auf dein Wissen in Bezug auf die Körpersprache deines Hundes verlässt. Ihr seid im Geiste verbunden, das gibt dir sehr viel mehr Sicherheit in der Kommunikation mit deinem Hund. Du wirst dadurch auch seine Bedürfnisse viel leichter erkennen.

Emotionale Nähe

Ich liebe es, mich mit all meinen Stärken und auch Schwächen immer besser kennenzulernen. Deshalb habe ich schon immer gerne Seminare zum Thema Persönlichkeitsentwicklung besucht.

Es ist schon einige Jahre her, als ich Doolittle auf einem solchen Seminar mithatte und er auch mit im Seminarraum sein durfte. Bei einer Übung sollte ich einen bestimmten Weg meines Lebens gehen, indem ich – mit geschlossenen Augen – im Raum einfach einen Fuß vor den anderen setze. Doch es war mir in diesem Prozess nicht möglich, weiterzugehen und der Seminarleiter fragte mich, was ich brauchen würde, um weitergehen zu können. Ich sagte: „Meinen Hund“. Seine Antwort war: „Der liegt direkt hinter dir“.

Als ich zum Startpunkt meiner persönlichen „Reise“ gegangen bin, lag Doolittle völlig entspannt auf seiner Decke einige Meter von mir entfernt und schlief. Er war also während meines Prozesses aufgestanden und hatte sich direkt hinter mich gelegt. Hunde können so etwas. Sie verbinden sich emotional sehr viel leichter als wir. Sie tun es einfach, ohne darüber nachzudenken. Doolittle spürte, dass ich Unterstützung benötigte und hat sie mir gegeben, indem er meine direkte Nähe aufsuchte. Er wusste, was ich brauche, bevor es mir klar war.

> Hunde verbinden sich emotional sehr viel leichter als wir. Sie tun es einfach, ohne darüber nachzudenken.

Da lag er also – total entspannt – direkt hinter mir. Das gab mir die Energie, tatsächlich meinen Prozess weiterzugehen.

Diese Geschichte verdeutlicht recht gut, was ich mit emotionaler Nähe meine. Lehrer, die ihren Hund mit in die Schule nehmen, kennen das auch sehr gut. Hunde legen sich oft zu einem Schüler, der gerade Unterstützung braucht und sind einfach da. Ein Grund, warum ich finde, dass es sehr viel mehr Schulhunde geben sollte!

Godivas autoaggressives Verhalten machte mich betroffen, als sie noch im Tierheim war und ich mehrmals die Woche mit ihr spazieren ging. Für mich war nicht wichtig, welche Erfahrung oder Erfahrungen in ihrem Leben dazu geführt hatten, dass sie in diesem Maß selbstverletzendes Verhalten zeigte, wie sie es tat. Das konnte ich eh nicht erfahren, da es keiner wusste.

Doch für mich war wichtig zu spüren, wie viel Schmerz sie erlitten hatte. Also habe ich mich mit ihr verbunden und hineingespürt – und es war viel Schmerz, den ich in diesem Moment empfand. Der Schmerz dieser Hündin. Und ich konnte verstehen, warum es Trigger bei ihr gab, die sie nicht aushalten konnte. Sie brauchte ein Ventil, und das war ihr autoaggressives Verhalten.

Diese Erfahrung durch die emotionale Nähe mit ihr hat es mir ermöglicht, dass ich sie viel besser verstehen konnte und hat mich davor bewahrt, Mitleid mit ihr zu haben. Mein Mitleid hätte ihr nichts genützt, es hätte dazu geführt, dass ich sie bedauert hätte und mir ihr Schicksal so ungerecht erschienen wäre. Dafür hatte sie mein volles Mitgefühl, was es mir ermöglichte, zu ihr hinzuspüren und ihren Schmerz zu fühlen und gleichzeitig war mir bewusst, dass es nicht mein Schmerz ist, den ich erfahre, wenn ich mich mit ihr verbinde. Eine wunderbare Voraussetzung für den Start in unser gemeinsames Leben.

Als ich das Gefühl hatte, dass sie nun bei mir einziehen konnte und unsere Beziehung gefestigt genug war, hat die Autoaggression sehr schnell aufgehört. Es gibt sie immer noch, die Trigger, doch ich kenne sie inzwischen und kann sie vermeiden. An manchen haben wir so weit gearbeitet, dass sie sich sehr gut selbst regulieren kann.

Ich hoffe ich konnte dir gut genug vermitteln, wie wichtig es ist, sich das Thema Nähe wirklich sehr aus der Nähe anzuschauen. Es ist die Mühe allemal wert, diese drei Ebenen – körperliche, geistige und emotionale Nähe zu verstehen.

Körpergedächtnis

Der Körper speichert Erfahrungen und erinnert sich, ohne dass wir bewusst daran denken.

Hat der Körper Schmerzen, zum Beispiel im Fuß oder im Knie, gehen wir automatisch in eine Schonhaltung, um den Schmerz zu vermeiden oder zu lindern. Der Körper speichert recht schnell ab, dass es besser ist, in dieser Schonhaltung zu bleiben. Um zu verhindern, dass der Körper diese Schonhaltung fest abspeichert, wird empfohlen, für ein paar Tage Schmerzmittel zu nehmen.

Haben wir negative körperliche oder emotionale Erfahrungen gemacht, sind sie in uns gespeichert, obwohl wir uns vielleicht gar nicht mehr daran erinnern.

Ich hatte mit Anfang zwanzig einen Fahrradunfall. Ein Auto kam von rechts und fuhr mich an. Mir fehlt jegliche Erinnerung an den Unfall. Die erste bewusste Erinnerung habe ich, als ich im Krankenhaus realisierte, wo ich war. Das brauchte einen Moment, da ich nicht wusste, wie ich dort hingekommen war.

Die Vermutung liegt vielleicht nah, dass ich eine Zeitlang nicht bei Bewusstsein gewesen war, doch das war nicht so. Durch den Aufprall meines Kopfes am Boden wurde meine bewusste Erinnerung gelöscht. Ich hatte eine schwere Gehirnerschütterung. Ansonsten waren es nur ein paar Schürfwunden.

Dass ich mich an den Unfallhergang und die Zeit danach nicht mehr erinnern kann, nennt man retrograde Amnesie.

Mein Körper erinnerte sich allerdings sehr wohl an den Unfallhergang. Jedes Mal, wenn ein Auto etwas schneller von rechts kam, zuckte ich zusammen. Wenn ich sehr in Gedanken versunken bin, kann das heute noch passieren, ist jedoch sehr selten. Obwohl in all den dazwischenliegenden Jahren nie mehr etwas dergleichen geschah, hat es sehr lange gedauert, bis sich der Schreck auflöste.

Ob sich ein Hund nun bewusst erinnert oder nicht, auch bei ihm bildet sich ein Körpergedächtnis. Traumatische Erlebnisse sind abgespeichert und brauchen sehr lange, bis sie sich wieder auflösen. Als Mensch, der mit einem traumatisierten Hund zusammenlebt, braucht es viel Geduld und Empathie, um ihn zu verstehen und den Prozess der Heilung gemeinsam gehen zu können.

Doch das Körpergedächtnis hat auch eine positive Seite. Je mehr Erfahrung von Entspannung, Sicherheit, Geborgenheit, Verständnis und Verbindlichkeit gemacht werden, desto sicherer fühlen sich sowohl Mensch als auch Hund in dieser komplexen Welt. Jedes Streicheln, jedes erfolgreich absolvierte Training ohne jegliche Überforderung wird vom Körper als positiv abgespeichert. Es gibt also auch für einen traumatisierten Hund jede Menge Gelegenheiten, um positive Erfahrungen zu sammeln.

> Jedes Streicheln, jedes erfolgreich absolvierte Training ohne jegliche Überforderung wird vom Körper als positiv abgespeichert.

Narben werden nicht verschwinden, sie verblassen jedoch mit der Zeit. Und das ist gut so.

Hat dein Hund Trigger, die in bestimmten Situationen aktiv werden? Lerne sie kennen. An vielen Auslösereizen kann man arbeiten und dem Hund vermitteln, dass alles gut ist, auch wenn er getriggert ist. Oft erschrecken Hunde, wenn eine Hand nach oben gezogen wird oder jemand mit Stock oder Schirm in der Hand entgegenkommt. Das kann man ganz wunderbar trainieren, damit dein Hund in solchen Situationen entspannt bleiben kann. Andere Trigger kannst du vielleicht einfach vermeiden, sobald du sie erkannt hast.

Wenn Godiva sich in einer Schleppleine verheddert, geht sie sofort auf sich los. Dieses Verhalten vermeide ich. Ich lasse sie nicht in Kontakt mit Hunden, die an einer längeren Leine sind. Ich bin dabei, auch daran zu arbeiten, das ist jedoch sehr aufwändig. Wir sind inzwischen schon bei einem kleinen Körperband, das sie gut tragen kann. Mehr zu dem Thema erfährst du im Kapitel Perspektivenwechsel. Bei dieser Form der Autoaggression habe ich realisiert, dass ich sie nicht auflösen kann, ohne mich ins Boot zu holen. Ganz offensichtlich liegt auch bei mir ein Trigger in diesem Themengebiet, den ich bei mir noch nicht in der Tiefe erkannt und schon gar nicht gelöst habe.

Tierkommunikation

Sollte dieses Thema ein unangenehmes Gefühl in dir auslösen oder du dich gar nicht damit beschäftigen möchtest, kannst du es auch getrost überspringen.

Das Thema Tierkommunikation erfreut sich in den letzten Jahren immer mehr Beliebtheit. Sicher gibt es in diesem Bereich auch eine ganze Bandbreite von Gründen, warum Menschen diesen Beruf ausüben. Genauso wie bei den Hundetrainern und Hundetrainerinnen auch.

Vor ein paar Jahren meinte einmal eine Frau, die ich in einer Onlinegruppe traf, dass das, wie ich arbeiten würde, schon sehr nah an Tierkommunikation sei. Da mich das damals total ärgerte und ich mich in diesem Bereich weder sehen wollte noch konnte, wies ich diese Aussage kategorisch zurück.

Ähnliche Aussagen begegneten mir jedoch immer wieder und ich öffnete meinen Geist in diese Richtung. Noch immer hatte ich keine Ahnung, was Tierkommunikatoren machten oder welche Methoden sie anwandten.

Im September 2022 war ich auf einem Seminar mit Simon Prins. (Simon Prins ist Autor des Buchs „Das Pavlov-Projekt“, bildet für eine Sondereinheit der niederländischen Polizei seit über 25 Jahren Hunde für Spezialeinsätze aus und setzt dabei auf die operante Konditionierung als freundliche und effektive Trainingsmethode.) Ich weiß nicht mehr wie, auf jeden

Fall landeten wir kurz bei dem Thema Tierkommunikation. Beide blieben wir am Ende unserer Diskussion bei der Aussage: Nur weil wir uns nicht vorstellen können, wie das funktioniert, heißt es noch lange nicht, dass es nicht geht!

Seither habe ich mich diesem Thema noch mehr geöffnet. Nicht so, dass ich es praktizieren würde – zumindest nicht in meinem Gedankengut. Doch ich habe gelernt, dass es sehr viel mit Intuition zu tun hat. Und Intuition ist etwas, mit dem wir uns wieder sehr viel mehr verbinden sollten. Wenn ich von der Seite an das Thema herangehe, verstehe ich plötzlich auch, warum unterschiedliche Menschen der Meinung sind, ich würde schon mit Tierkommunikation arbeiten.

Ich bin sehr gespannt, wo mich dieser Weg hinführen wird. Ich werde erst mal ein wenig dranbleiben und beobachten, wohin mich das Thema treibt. Es ist auf jeden Fall spannend.

Nur weil wir uns nicht vorstellen können, wie das funktioniert, heißt es noch lange nicht, dass es nicht geht!

„Es ist nicht entscheidend, was ich sage, sondern was der andere hört."

Vera F. Birkenbihl

Perspektivenwechsel

Du bist inzwischen im Herz dieses Buches angekommen. Perspektivenwechsel ist der Schlüssel zu einem besseren Verständnis für deinen Hund. Um gut und entspannt die Perspektive wechseln zu können, brauchst du zunächst eine gute Wahrnehmung für dich selbst. Deshalb auch die Kapitel zuvor – sie ebnen dir den Weg hin zu dir und zu deinem Hund, zu deinen und seinen Bedürfnissen und wie ihr diese kommuniziert.

Es ist immer sinnvoll, eine bestimmte Situation aus unterschiedlichen Perspektiven zu betrachten. Nimm eine 6 und stelle einen Menschen unten an die 6 und den anderen oben. Für den einen wird es weiterhin eine 6 sein, für den anderen jedoch eine 9.

Wer von den beiden hat recht? Kann es sein, dass beide recht haben? Jeder aus seiner Perspektive sicherlich.

Das mit dem Rechthabenwollen ist so eine Sache. An dem Beispiel mit der 6 und der 9 wird deutlich, dass es ganz offensichtlich auf die Perspektive ankommt. Es lohnt sich also, die Perspektive zu wechseln und für eine bestimmte Situation unterschiedliche Perspektiven einzunehmen.

Im gemeinsamen Leben mit deinem Hund ist es wichtig, immer wieder die Perspektive des Hundes einzunehmen. Du bekommst dadurch völlig neue Informationen und Sichtweisen.

Am meisten betroffen macht mich, wenn mir Kunden sagen: „Das macht mein Hund absichtlich". Sie fühlen sich persönlich „angegriffen" und verletzt durch das Verhalten ihres Hundes. Einfach zu sagen, dass das bestimmt nicht so ist, hilft diesen Menschen nicht weiter. Sie jedoch mitzunehmen in das, was in ihrem Hund vorgeht, kann sehr schnell helfen.

Wenn die Kundin zum Beispiel sehr viel an der Leinenführigkeit gearbeitet hat und der Hund inzwischen sehr viel besser an der Leine läuft, als er es getan hat, bevor wir unser Training gestartet haben, ist die Erwartungshaltung groß, dass sich das linear so weiterentwickelt. Das wäre schön, wenn Lernen immer so funktionieren würde. Dann geht diese Kundin in einem neuen Gebiet, in dem sie noch nie spazieren ging. Nehmen wir an, es herrscht auch noch starker Wind.

Die Kundin geht also in der Erwartungshaltung los, dass die Leinenführigkeit so funktioniert wie sonst auch. Doch der Hund zieht und zerrt immer wieder an der Leine, sodass ihr recht schnell der Arm weh tut. Sie ist genervt und fühlt sich hilflos. Dazu kommt, dass sie das Verhalten des Hundes persönlich nimmt.

Was passiert beim Hund? Er ist überwältigt von den vielen neuen Gerüchen, die er noch gar nicht kennt. Der Wind beflügelt ihn regelrecht in seinem Tun und er vergisst, dass es noch jemand anders gibt, der sich am anderen Ende der Leine befindet. Er kann sich zu diesem Zeitpunkt und auf seinem Ausbildungsstand nicht wirklich konzentrieren, wenn es einfach ein Spaziergang ohne Trainingseinheiten sein soll. Er braucht in diesem veränderten Kontext mehr Hilfestellung als in den bisherigen Übungssituationen. Die Kundin müsste in diesem Kontext Übungsschritte zurückgehen und schauen, was bei ihrem Hund in diesem Kontext gut möglich ist.

Das führt zwar nicht zu einem entspannten Spaziergang, doch den hat die Kundin ja auch nicht, wenn der Hund zieht. Wind und Schnee sind recht große Herausforderungen, wenn die Leinenführigkeit und auch der Rückruf noch nicht gut genug funktionieren. Es gilt immer zu schauen, ob der Hund den Kontext, in dem man sich gerade befindet, überhaupt schon kennt und das erwünschte Verhalten gut genug trainiert ist.

Wind und Schnee sind recht große Herausforderungen, wenn die Leinenführigkeit und auch der Rückruf noch nicht gut genug funktionieren.

Eine wirklich gut motivierte Kundin hatte große Probleme mit dem Rückruf ihres Hundes. Wir hatten uns entschieden, den Rückruf über Pfeife aufzubauen. Die Kundin hatte die Geduld, erst einmal drinnen – ohne Ablenkung – zu üben, bis die Pfeife sehr gut funktionierte. Draußen ging sie auch sehr langsam Schritt für Schritt vor. Sie war sehr glücklich, wie gut der Rückruf klappte.

Dann meinte sie irgendwann: „Der Rückruf funktioniert nun gar nicht mehr". Das konnte ich mir nicht vorstellen und fragte genau nach. Es stellte sich heraus, dass sie den Hund immer aus der Nähe zu sich gepfiffen hatte – oder sie hatte ihn absitzen lassen und dann zu sich gerufen. Die Situation, in der der Rückruf aus ihrer Sicht dann nicht mehr funktionierte, sah so aus: Ihr Hund war außer Sicht und etliche Meter weiter entfernt, als sie je trainiert hatte. Um ihr zu erklären, dass ihr Hund das noch gar nicht gelernt hatte, suchte ich einen Vergleich. Das ist so, als ob sie ein Musikinstrument lernen würde und nach ein paar Wochen die Erwartung hätte, sie könnte jetzt in einem Symphonieorchester mitspielen. Das war ihr sofort klar, dass das natürlich nicht gehen würde und sie konnte verstehen, dass der Schritt viel zu groß war, den sie von ihrem Hund erwartet hatte.

Sie fügte noch weitere kleine Trainingsschritte für den Rückruf ein und dann kam ihr Hund auch in schwierigeren Situationen zu ihr zurück.

Es kommt sehr häufig vor, dass Menschen von ihrem Hund etwas erwarten, das er noch nicht gelernt hat. Er hat das Verhalten zwar schon erlernt, doch es wurde noch nicht in ganz unterschiedliche Kontexte übertragen. Oft helfen hier Vergleiche aus dem beruflichen Kontext der Kunden oder das Beispiel vom Erlernen eines Musikinstrumentes. Einfach loszulaufen, um einen Marathon zu laufen, ist auch ein guter Vergleich.

Die Welt aus Sicht des Hundes

Wir sollten immer davon ausgehen, dass der Hund nie etwas tut, um uns absichtlich zu schaden. Er agiert aus seinem Empfinden heraus und in der Regel kommuniziert er dieses Befinden auch.

Hunde, die wirklich sehr schlechte Erfahrungen in ihrem Leben gemacht haben, hören oft auf zu kommunizieren. Dann gilt es, den Hunden erst wieder zu zeigen, dass Kommunikation möglich ist und sie auch verstanden werden. Sie müssen erst in einer für sie sicheren Umgebung wieder Vertrauen gewinnen.

Die Welt aus Sicht des Hundes zu betrachten hat nichts damit zu tun, sich auf Blickhöhe des Hundes zu begeben und die Welt so zu betrachten. Es gilt wirklich hinzuschauen, was in ihm vorgeht und die eigene Vorstellung außen vor zu lassen. Wie bereits zuvor erwähnt, spielt hier der **leere Geist** eine große Rolle. Habe ich mir schon eine eigene Meinung gebildet und betrachte dann den Hund, bin ich nicht mehr offen für das, was ich wirklich sehe. Ich werde es in die Richtung drängen, die sich ohnehin schon in mir verfestigt hat.

Den Geist zu leeren heißt einmal mehr, sich freizumachen von jeglicher Erwartungshaltung und Vorstellung. Frei an das Verhalten deines Hundes (oder auch eines Kundenhundes – wenn du professionell mit Hunden und Menschen arbeitest) herangehen und erst einmal nur beobachten. Kannst du dich an die Aha-Übung erinnern? Du sammelst sozusagen erst einmal nur Informationen über das Verhalten. Die Kunst liegt nun darin, diese Informationen nicht gleich bewerten zu wollen. Es geht lediglich darum, einen Überblick zu bekommen, wann was passiert.

Erst dann kommt die Phase der Analyse.

Der Hund hat andere Bedürfnisse als du. Die wird er zunächst verfolgen. Und das ist gut so.

Bestimmt hast du inzwischen eine sehr viel klarere Vorstellung davon, was deine eigenen Bedürfnisse angeht. So kannst du überprüfen, ob das Bedürfnis deines Hundes mit deinem eigenen Bedürfnis in Einklang ist. Ist das so, ist die Welt in Ordnung und ihr habt gerade eine wunderbare Zeit.

Decken sich eure Bedürfnisse nicht, solltest du überprüfen, was dir wichtig ist. Möchtest du dich an dem Bedürfnis deines Hundes orientieren, dann tu das. Ist das ganz häufig deine Wahl, lernt dein Hund genau das. Du orientierst dich überwiegend an ihm. Für mich stellt sich dabei die Frage, ob das wiederum dein Bedürfnis ist? Kann sein, er genießt seine Freiheit, die er darin hat, es kann jedoch auch sein, dass er dabei unsicher wird, da ihm gewisse Regeln fehlen. Hunde lieben Regeln, an die sie sich halten können.

Es gibt immer wieder Hundebesitzer, die der Meinung sind, dass Hunde frei laufen sollten. Vielleicht haben sie selbst ein großes Bedürfnis nach Freiheit und möchten dieses auf jeden Fall dem Hund gewähren. Diese Freiheit ist jedoch nur dann möglich, wenn der Rückruf gut genug funktioniert, damit der Freilauf möglich ist. Mir ist sehr wichtig, dass ich meine Hündin frei laufen lassen kann, deshalb investiere ich sehr viel Zeit und Energie in den Rückruf. Kommt mir jemand entgegen, rufe ich sie zu mir zurück. Ich setze immer das Zeichen, dass ich meinen Hund unter Kontrolle habe, sodass sich mein Gegenüber sicher fühlen kann. Kommt ein Hund entgegen, kommuniziere ich vorab, ob Kontakt möglich ist.

Hunde, die im Freilauf nicht zurückgerufen werden, zeigen manchmal Unsicherheit im Hundekontakt. Sie sind darauf angewiesen, dass sie den Kontakt alleine regeln können und machen eventuell die Erfahrung, dass sie darin überfordert sind. Aus meiner Sicht ist es gut, genau hinzuschauen, ob der eigene Hund Unterstützung braucht oder eben nicht.

Bei Godiva weiß ich, dass sie sehr präsent in einen Hundekontakt geht. Das ist manchen Hunden zu viel, deshalb nehme ich sie zu mir, bis ich einen Eindruck von dem anderen Hund habe. Dabei vertraue ich häufig nicht auf das, was mir die Besitzer sagen. Wenn ich sehe, der Hund ist unsicher, behalte ich Godiva bei mir.

Kommen wir nun zu dem Fall, dass du deinem eigenen Bedürfnis nachgehen möchtest. Dazu bist du darauf angewiesen, dass dein Hund sein Bedürfnis hintenanstellt.

Macht er das einfach so? Vermutlich nicht!

Nun zeigt sich, wie weit du in der Hundeerziehung bist. Hat dein Hund gelernt, das eigene Bedürfnis aufzugeben und dir zu folgen? Genau in diesem Kontext?

Wenn dein Hund an der Leine ist, wird es einfach werden, dass er mit dir mit kommt, obwohl er noch an einer Schnupperstelle verweilen möchte. Du kannst einfach weitergehen und dein Hund kommt mit. Hier finde ich es völlig legitim, wenn du deinen Hund durch etwas Zug auf der Leine einfach mitnimmst. Ich spreche allerdings nicht von Rucken an der Leine oder davon, den Hund hinter dir herzuschleifen! Was aber tun, wenn dein Hund sich nicht von der Stelle bewegt? Für diesen einen Moment würde ich abwarten, bis er weiter geht.

Es braucht ein Hörzeichen, das dem Hund signalisiert, dass er weitergehen soll. Das gilt es aufzubauen. Es erleichtert vieles, wenn du mit deinem Hund kommunizieren kannst, dass er weiter gehen soll.

Wichtig ist immer zu realisieren, dass dein Hund einem eigenen Bedürfnis folgt. Wenn du möchtest, dass er sein Bedürfnis aufgibt, weil du deines umsetzen möchtest, brauchst du positive Argumente, warum er das tun soll. Diese Argumente erlernt er in sinnvoll aufgebautem Training über positive Verstärkung.

Vergiss es, in einer solchen Situation auf die Vernunft deines Hundes zu setzen. Die wird nicht eintreten. Warum sollte er auch „vernünftig" sein! Das ist eher eine Vorstellung, die uns Menschen beigebracht wird und nicht immer hilfreich ist. Deshalb finde ich sehr schön, Hunde zu beobachten, wie sie nicht – in unserem Sinne – vernünftig sind. Das ist der Zeitpunkt, zu dem wir viel von ihnen lernen können.

> Wichtig ist immer zu realisieren, dass dein Hund einem eigenen Bedürfnis folgt. Wenn du möchtest, dass er sein Bedürfnis aufgibt, weil du deines umsetzen möchtest, brauchst du positive Argumente, warum er das tun soll.

Von Hunden lernen

Wie schon erwähnt, liebe ich an Hunden deren Authentizität. Sie sind immer sie selbst und zeigen, wie es ihnen gerade geht. Das ist nicht gleichbedeutend mit „sie sind immer zufrieden und ausgeglichen".

Wenn dein Hund seinem Bedürfnis nachgeht, möchte er das und zeigt das auch an. Ein gutes Beispiel ist hier wieder das Schnüffeln am Wegesrand. Solange dein Hund nicht sonderlich begeistert ist von einem Geruch, der ihm in die Nase schießt, läuft er mit, wenn du ihn aufforderst.

Doch wehe, wenn ihn ein Geruch fesselt und er unbedingt stehen bleiben muss(!). Wer kennt das Bild nicht, wie er sich mit allen vier Pfoten in den Boden rammt, sich gegen die Leine stemmt und seine Nase nicht von der Stelle rührt. Es bräuchte recht viel Kraftaufwand, wenn du ihn einfach weiterziehen wolltest.

Er möchte etwas und ist gewillt, das auch umzusetzen. Er hat kein schlechtes Gewissen, ob er dich eventuell zu etwas nötigt oder um Erlaubnis fragen sollte, ob er noch etwas länger schnuppern dürfte. Er macht einfach.

Hunde bleiben bei sich, wenn sie etwas unbedingt wollen und nehmen sich einfach den Raum. Wenn nötig, setzen sie ihre Körperkraft dazu ein.

Was kannst du daraus lernen?

Weniger darüber nachdenken, was du tust, sondern einfach machen.

Hunde bleiben bei sich, wenn sie etwas unbedingt wollen und nehmen sich einfach den Raum.

In meinem Arbeitsalltag arbeite ich immer wieder mit Menschen zusammen, die sich fragen, ob sie fair zu ihrem Hund sind, ob sie ihn ausreichend fördern oder ihn etwa überlasten. Heutzutage würde ich sagen, dass Hunde häufig eher etwas überfordert werden, als dass es ihnen langweilig ist.

Wenn du es liebst dich viel zu bewegen, dann ist dein Hund gerne mit dabei. Er sollte jedoch auch ausreichend Phasen am Tag haben, an denen er zur Ruhe kommen kann.

Welpenbesitzer oder auch Menschen, die einen Hund erst seit kurzer Zeit haben, sind bestrebt, von Anfang an alles richtig zu machen und holen sich deshalb sehr früh Unterstützung und besuchen eine Hundeschule oder buchen Einzelstunden. Es ist ein hehres Ziel, alles richtig machen zu wollen, doch vermutlich ist es nicht erreichbar. Selbst für mich nicht. Ich würde sagen – für niemanden. Wobei ich es nur unterstützen kann, sich von Anfang an Hilfe zu holen.

Besser wäre die Formulierung, dass man es von Anfang an richtig lernen möchte. Das lässt den Weg offen für Fehler, die zwangsläufig passieren werden. Fehler sind genial, du kannst dich an ihnen ausrichten, sie zeigen dir, worauf du mehr Fokus legen solltest und wo du deine Energie bündeln solltest.

Gut ist also, zu wissen, wie du diverse Übungen richtig aufbauen kannst, damit sie dir und deinem Hund den Alltag erleichtern. Sollte eine Übung nicht gleich klappen, dann geh kleinere Schritte und denke nochmal darüber nach, was dein Hund nicht verstanden haben könnte. Es kann sein, dass dein Hund nervös wird oder sich zurückzieht, wenn er etwas nicht versteht. Vielleicht bellt er auch oder wird unsicher. Egal, was er zeigt, mach einfach eine Pause und bleib entspannt. Es passiert sehr schnell, dass du dich von dem Verhalten deines Hundes anstecken lässt. Es nützt keinem von euch etwas, wenn ihr beide nervös oder unsicher werdet. *Bleib bei dir, wie der Hund, der an einem Grashalm schnuppern möchte.*

Was ist dein Ziel, was möchtest du deinem Hund beibringen? Wenn es jetzt nicht sofort klappt, dann zu einem späteren Zeitpunkt.

Fühle in dich, was dir deine Intuition sagt. Braucht es nur eine Pause, oder vielleicht andere Trainingsschritte? Muss dein Hund vielleicht raus oder hat er Hunger? Bist du vielleicht nicht mehr konzentriert genug oder gerade gedanklich mit anderen Dingen beschäftigt?

Intuitives Handeln und Präsenz sind ebenfalls Verhaltensweisen, die wir von Hunden lernen können. Präsent sein heißt, du bist im Hier und Jetzt. Du beschäftigst dich nicht mit der Vergangenheit und was dich dort eventuell geärgert hat und auch nicht in der Zukunft, was du noch erledigen musst. Du bist einfach hier mit jeder Faser deines Körpers.

Du hast immer nur diesen einen Moment JETZT - JETZT - JETZT.

Übe dich darin, wann immer du kannst und dich daran erinnerst. Es ist so wichtig im Leben allgemein, dass du im Hier und Jetzt bleiben kannst. Leben findet weder in der Vergangenheit noch in der Zukunft statt. Eine gute Übung hierfür: Stell dir den Timer auf 60 Sekunden und übe diese 60 Sekunden lang mit deinem Hund. Schaffst du es, diese Zeit völlig präsent und konzentriert zu bleiben, dann weite die Zeit langsam aus – immer mit Timer.

ACHTUNG!

Solltest du nicht präsent sein, wenn du mit deinem Hund kommunizierst, kann es gut sein, dass er zu agieren beginnt und du nur noch reagierst. Da du mit anderen Dingen beschäftigt bist, fällt dir das erst einmal gar nicht auf oder viel zu spät.

In punkto Intuition ist es gut, immer mal zu spüren, was eine bestimmte Situation mit dir macht. Nehmen wir das Beispiel „Besuch kommt". Es klingelt, dein Hund bellt, rennt zur Tür und wedelt hoch erfreut. Der Besuch kommt rein, Hund springt an und freut sich unbändig. In ganz vielen Fällen steigt der Besuch auf das Verhalten des Hundes ein. Schau dir dieses Geschehen wie ein Zaungast an. Was fällt dir auf? Wie geht es deinem Hund und wie geht es dir? Wer agiert und wer reagiert? Ist die Situation so perfekt oder würdest du gerne etwas verändern?

Wenn ja, hol dir Unterstützung bei einem Trainer oder einer Trainerin, dem oder der du vertraust.

Ganz offensichtlich weiß der Hund hier, was zu tun ist. Der Mensch eher nicht. Hunde treffen Entscheidungen und setzen diese dann um. Punkt. Was macht der Mensch in vielen Fällen? Er schaut zu und fühlt sich hilflos, ohnmächtig oder überfordert. Daraus kann resultieren, dass der Mensch laut wird und schimpft oder er lächelt verlegen mit der Rechtfertigung „der ist nun mal so", oder es ist ihm egal, weil er keinen Handlungsbedarf sieht.

Warum rennt der Hund zur Tür, bellt und springt dann den Besuch an? Antwort: Weil er kann!

Für diese Situation braucht es ein sinnvoll aufgebautes Deckentraining. Doch das ist bei weitem nicht alles. Was, wenn du mit der gleichen inneren Haltung davon ausgehen würdest, dass dein Hund auf seiner Decke oder in seinem Körbchen bleibt, wenn es klingelt und Besuch reinkommt und eben nicht zur Tür rennt?

Gut aufgebaute Übungen funktionieren nur dann wirklich gut, wenn du sie mit der entsprechenden inneren Haltung ausführst. Die Haltung sollte immer sein, dass du agierst und der Hund reagiert.

Hunde lieben Kontrolle. Menschen auch. Kontrolle vermittelt das Gefühl von Sicherheit. Ich bin großer Fan davon, Hunden Kontrolle zu gewähren. Dazu suche ich ausgewählte Situationen, in denen es mir egal ist, wenn der Hund kontrolliert. Kann der Hund sie dort ausleben, sinkt das Bedürfnis nach Kontrolle in anderen Situationen, die dann eventuell unerwünschte Verhaltensweisen sind.

Gerade Frauen sind es gewohnt, anderen mehr Raum zu geben, als sie selbst einnehmen. Das öffnet Hunden Tür und Tor für eigenes Handeln. Wobei zu viel eigenständiges Handeln Hunden nicht wirklich gut tut.

Über sich selbst lernen

In dem Moment, in dem dein Hund genau weiß, was er möchte, solltest du dir sehr über dein eigenes Bedürfnis im Klaren sein. Wenn du nicht weißt, was dir wichtig ist und wohin deine Reise in genau dieser Situation gehen soll, ist es ein leichtes, dass dein Hund dich verunsichert oder dass du nervös wirst.

Das macht er auf keinen Fall mit Absicht. Er möchte nur sein Bedürfnis umsetzen. Vielleicht ist er gewohnt, dass er damit häufig Erfolg hat. Landläufig würde man das „seinen Willen bekommen" nennen. Ist das der Fall, hat er gelernt und lernt auch immer weiter, dass es sogar erwünscht ist, dass er eigene Entscheidungen in seinem Sinne trifft.

Das ist völlig losgelöst von dem, was du ihm eigentlich zeigen oder beibringen möchtest. Eure Verständigung ist gestört, so als wäre bei einem Radio der Sender nicht richtig eingestellt. Es gibt zwar eine Verbindung, doch der Empfang funktioniert nicht wirklich.

Zeigt dein Hund ein unerwünschtes Verhalten, ist es von enormer Bedeutung, dass du bei dir bleiben kannst. Je mehr Anspannung sich in dir aufbaut, desto höher die Gefahr, dass du dein Bedürfnis aus den Augen verlierst.

Eine Situation, in der man schnell aus sich „herausfällt", ist, wenn ein Hund einen Menschen anbellt. Es setzt sich ein Gedankenkarussell in Bewegung, das nur schwer zu stoppen ist. Was denkt der andere Mensch – mein Hund darf das nicht tun – ich muss meinen Hund maßregeln, damit ich nach außen zeige, dass ich mit diesem Verhalten nicht einverstanden bin. Die Anspannung ist also schnell sehr hoch. Die Wahrscheinlichkeit, dass du dich in dem Moment an das erinnern kannst, was du eventuell schon gelernt hast, ist sehr gering. Du schaltest praktisch auf Autopilot.

Hinterher kannst du reflektieren und realisierst, was du alles falsch gemacht hast und machst dir vermutlich Vorwürfe, weil du das Verhalten deines Hundes verhindern hättest können. Das ist der Zeitpunkt, zu dem sich viele Kunden nach einer weiteren Methode umschauen, die sie anwenden können. Aber es geht gar nicht darum, dass du etwas anderes anwendest, das vielleicht genau so richtig sein kann. Es geht darum, dass du lernst, in der Situation nur eine Übung abrufen zu können, die dir dann auch einfällt. Eine einzige, die leicht ausführbar ist. Sollte dein Hund „Schau" können, kannst du das abrufen. Kann sich dein Hund darauf einlassen, wenn du Futter auf den Boden wirfst und er kann es suchen, dann ist es das. Oder vielleicht auch ein „mit der Schnauze in die Hand stupsen". Egal was es ist und was dir sympathisch ist, lerne ganz genau, das anzuwenden.

Deine Selbstwirksamkeit wird sofort steigen, wenn du merkst, dass dir diese Übung einfällt und dein Hund darauf reagiert. Dein Hund *reagiert*. Er agiert nicht mehr, weil dir eingefallen ist, was du ihm zu entspannteren Gegebenheiten beigebracht hast. Das solltest du dann auch gebührend feiern. Das ist ein Meilenstein, den du geschafft hast. Damit das gut klappt, brauchst du viele Wiederholungen, in denen du dich ausprobieren kannst.

Das eine ist also, dass dir die Übung einfällt, die du in einer spannungsgeladenen Situation brauchst. Das hast du so oft geübt, dass du nicht mehr darüber nachdenken musst, sondern es ist einfach da. Es ist in dein Körpergedächtnis über gegangen. So wie Autofahren, da denkst du auch nicht mehr darüber nach, ob du kuppelst oder Gas geben musst. Du machst es einfach und die Abläufe sind aufeinander abgestimmt.

Eine andere Sache ist: Bist du selbst entspannt? Ich lebe sehr zentrumsnah in Freiburg und mir begegnen immer wieder Menschen, die mir unsympathisch erscheinen oder dass ich mich unwohl fühle, an ihnen vorbeizugehen. Wenn ich das realisiere, sollte ich mich sofort auf meine Hündin konzentrieren. Mache ich das nicht, ist die Wahrscheinlichkeit hoch, dass diese Person angebellt wird oder sie zieht zumindest in deren Richtung. Bin ich immer so präsent? Nein, bin ich nicht. Also kommt es immer mal vor, dass sie jemanden anbellt, zwar sehr selten, doch es kommt vor. Das Kuriose daran ist, dass ich es vorher schon weiß, da ich mich nicht gut genug regulieren und konzentrieren kann.

Godiva ist eine sehr sensible Hündin. Würde ich ihr vorzumachen versuchen, dass ich souverän bin, durchschaut sie das sofort und glaubt mir nicht. Sie sorgt also dafür, dass uns diese Person nicht zu nahe kommt. Ganz ehrlich – manchmal gefällt mir das sogar. Vor allen Dingen dann, wenn ich spät mit ihr draußen bin und alles dunkel ist. Das schreibe ich allerdings nur sehr inoffiziell, da das für das Verhalten von Godiva nicht zielführend ist. Sie übernimmt, weil ich unsicher werde oder mich zumindest unwohl fühle. Ich gebe die Führung ungewollt an sie ab. Das entspricht nicht meinem Bedürfnis – ganz und gar nicht.

Ich habe mit ihr „Schau“ aufgebaut, was heißt, dass sie zu mir Kontakt aufnehmen soll. Es hat etwas gedauert, bis die Übung gut genug aufgebaut war, doch nun schaffe ich es immer öfters, genau dieses Verhalten abzurufen. Es gibt uns beiden Sicherheit, da wir eine gemeinsame Aufgabe haben, die wir prima erfüllen können. Ich habe also nicht nur ihr ein alternatives Verhalten antrainiert, sondern auch mir.

Es gibt auch leichtere Übungen als „Schau“ unter großer Ablenkung, bei denen man leicht verzweifeln kann. Vielleicht möchtest du mit deinem Hund einen Trick aufbauen oder Apportieren oder was auch immer und dein Hund macht immer wieder den gleichen Fehler oder er macht nicht mehr mit. Schaffe dir auch hier ein Ritual für dich, wie du damit umgehst. Mach eine Pause, geh kurz aus dem Kontakt ... was auch immer. Lass dich davon nicht irritieren. Steig einfach aus mit dem Gedanken: So können wir gerade nicht miteinander arbeiten. Du kannst es in zwei oder drei Minuten wieder versuchen. Oft klappt es dann schon viel besser.

Perfektionismus oder Erwartungshaltungen bringen uns nicht weiter.

Perfektionismus oder Erwartungshaltungen bringen uns nicht weiter. Viel besser sind Strategien und Rituale, um wieder bei dir selbst ankommen zu können. Der Atem ist ein wunderbares Mittel, um das zu schaffen. In stressigen Situationen atmen wir nur noch sehr oberflächlich. Wieder tief ins Zwerchfell zu atmen, entspannt häufig sofort (s. Atemübungen Seite 49).

Verschiedene Welten

Dein Hund und du lebt in verschiedenen Welten, so wie jeder andere Mensch in einer anderen „Welt“ lebt als du. Und doch gibt es so viele Beziehungen, die wunderbar funktionieren und heilsam sind. Um gemeinsam gut miteinander leben zu können, habe ich immer wieder dieses Bild vor

Augen: Ich sitze mit meinem Hund auf einem kleinen Sofa, auf dem wir kaum zu zweit Platz haben. Da wir beide bequem darauf sitzen möchten, braucht es etwas Zeit, bis jeder seine bequeme Position gefunden hat, sodass auch der andere bequem sitzen kann. Nur dann können wir beide entspannt auf dem Sofa sitzen.

Zu spüren, was der andere noch braucht, um sich wohlzufühlen und dennoch das eigene Wohlbefinden nicht aus den Augen zu verlieren, das macht dieses Bild perfekt.

Es ist kaum möglich, gemeinsam dieses Bild zu perfektionieren, wenn du als Mensch nicht die Perspektive in die Welt aus Sicht deines Hundes wechseln kannst. Ihn wirklich zu verstehen heißt, immer wieder sich in ihn hineinzufühlen. Auch wenn dir dabei Gefühle begegnen, die

Ab und an tut es gut, den Schmerz zu fühlen, da er heilen, kann, wenn er wahrgenommen wird, wenn er gehört und gesehen wird.

dir unangenehm sind, die du vielleicht selbst bei dir kennst und die mit Schmerz verbunden sind. Ab und an tut es gut, den Schmerz zu fühlen, da er heilen, kann, wenn er wahrgenommen wird, wenn er gehört und gesehen wird.

Gehört und gesehen werden

Wenn wir mit einem anderen Wesen kommunizieren, tragen wir gleichzeitig das Bedürfnis in uns, gehört und gesehen zu werden. Kennst du dieses Bedürfnis?

Manchmal fühle ich mich wirklich verletzt, wenn ich das Gefühl habe, jemand hört gar nicht, was ich sage bzw. nimmt nicht wahr, wie wichtig mir das ist, was ich gerade sage. Zum Beispiel erzähle ich etwas von Godiva, auf das ich wirklich stolz bin, weil es mit ihr aufwändig oder schwierig zu trainieren war. Wenn ich als Feedback bekomme „Ja, mein Hund kann das auch“, fühlt sich ein Teil in mir verletzt, weil ich das Gefühl habe, es wird nicht gesehen, wie sehr ich mich angestrengt habe und wie sehr ich mich für mich und meine Hündin über das eben gesagte freue. Das macht mich dann traurig.

Es scheint wirklich so zu sein, dass wir richtiges Zuhören ein wenig verlernt haben. Wir hören etwas und gleich kommt uns ein Gedanke, den wir unbedingt äußern möchten. Sobald dieser Gedanke aufgetaucht ist, beschäftigen wir uns damit, wie wir genau diesen Gedanken teilen können. Doch hören wir dann noch wirklich zu? Wohl kaum.

> Es gibt ein Sprichwort, das besagt: „Die meisten Menschen hören nicht zu, um zu verstehen, sondern um zu antworten.“ (Stephen R Cover)

Unsere Hunde haben ebenfalls das Bedürfnis, gehört und gesehen zu werden.

Meine Hundeschule (wobei es ja gar keine wirkliche Hundeschule mehr ist, ich arbeite im Bereich der Verhaltensberatung und des Coachings) nenne ich „Septemberhund“. Dadurch werde ich immer wieder gefragt, wo der Name herkommt.

> Wir können einfach gar nicht nicht kommunizieren.

Meine Definition eines Septemberhundes ist ein Hund, der gehört und gesehen wird. Und Septemberhund hört sich an wie der Titel eines Buches, in dem die Geschichte eines Hundes steht, die er zu erzählen hat. Das ist meine schlichte Antwort darauf. Allerdings hat es einige Zeit gebraucht, bis der Name stand. Inspiriert ist der Name durch den Monat, in dem ich geboren bin. Wobei sich April- oder Maihund wirklich schräg anhören würde.

Dein Hund kommuniziert immer – genau wie du. Wir können einfach gar nicht nicht kommunizieren. Wie schon öfters erwähnt, ist es wichtig, dass du deinen Hund verstehst in dem, was er dir mitteilen möchte.

Ein Beispiel: Vor kurzem hatte ich eine Coachingstunde mit einer Kundin – nennen wir sie Bea – und ihrer Hündin Paula. Es war schon immer mal Thema, dass Paula bei Hundebegegnungen bellt und in die Leine rennt. Das hatte Bea durch Üben dann ganz gut unter Kontrolle. Doch dann sagte sie, dass das Verhalten wieder schlimmer geworden sei und Paula inzwischen mehrere Hunde zu „Feinden" erklärt habe und wie irre bellen würde.

Also sind wir nach draußen gegangen. Hunde haben wir keine getroffen, aber ein paar laute, ballspielende Jungs. Es war schon dunkel, sodass wir mehr hörten, als wir sehen konnten.

Paula zeigte an, dass sie unsicher war, worauf Bea zunächst nicht reagierte. Ich sagte ihr, sie solle sie an ihrer rechten Seite gehen lassen. Das entspannte Paula sofort, da sie eine Aufgabe hatte und ihren Fokus nicht mehr auf die Geräusche legen „musste".

Als wir die Situation gleich im Anschluss besprachen, stellte sich heraus, dass Bea das Bedürfnis hatte, Paula so viel Freiheit wie möglich zu gewähren, wenn sie mit ihr rausgeht. Dazu gehört auch, dass sie sich an der Leine bewegen darf, wie sie möchte. Sie hatte zwar gesehen, dass Paula unsicher war, doch das Bedürfnis, ihr die Freiheit zu lassen, selbst zu entscheiden, stand im Vordergrund.

Ich erklärte ihr, wie wichtig es ist, dass sie der Fels in der Brandung für Paula ist und ihre Unsicherheiten in der Regel menschliche Unterstützung finden sollten. Das war für sie sehr einleuchtend.

Damit ich Bea verstehen konnte, warum sie so reagierte, musste ich ihr zunächst genau zuhören und sie in ihrem Tun verstehen. Aus ihrer Sicht verhielt sie sich mit bester Absicht richtig. Das gilt es zuerst einmal anzuerkennen.

Vor zwanzig Jahren noch hätte es mir leicht passieren können, dass ich sie schon zu dem Zeitpunkt verurteilt hätte, zu dem sie Paula keine Unterstützung bot, wo diese doch ganz offensichtlich unsicher war. Dann allerdings wäre es schwierig geworden, da es gar nicht meine Absicht gewesen wäre, sie zu verstehen. Ich hatte mein Urteil ja schon getroffen. Ein weiterer Mensch, der seinen Hund nicht versteht und dadurch mir und auch dem Hund das Leben schwer macht. Wer kennt sie nicht, die Aussagen von Hundetrainern oder Hundetrainerinnen, die genau so über ihre Kunden denken oder sogar reden. Bewertungen, ohne eine Situation genauer zu hinterfragen, können sehr schwerwiegend und oft einfach auch falsch sein.

Es gehört zu unserem Berufsbild, dass wir den Menschen bestmöglich zeigen, wie ihr Hund tickt und wie sie mit ihm umgehen. Perspektivenwechsel sollte in jede Richtung funktionieren. Wenn wir nicht gewillt sind, den Menschen zu verstehen, können wir ihn nicht wirklich gut unterstützen. Denn damit sich das Verhalten des Hundes ändert, muss der Mensch sein Verhalten ändern. Das wissen die Menschen zwar in den meisten Fällen, doch wie das geht, entzieht sich sehr häufig ihrer Kenntnis.

Wenn du dich selbst nur wenig wahrnehmen (sehen) kannst

Wir leben in einer Zeit, in der unser Fokus sehr im Außen liegt oder bei anderen Wesen. Also stellt sich die Frage, wie gut wir unsere eigenen Bedürfnisse noch wahrnehmen können. Der Einfachheit halber bleibe ich beim Hund ...

Ich spreche mit einer Kundin – nennen wir sie Silke – über das Problemverhalten ihres Hundes – nennen wir ihn Balou. Balou bleibt nicht auf der Decke und tickt völlig aus, wenn es klingelt. Besuch wird angesprungen und überschwänglich erfreut begrüßt. (Ich könnte hier auch als Beispiel anführen, dass der Hund jagdlich ambitioniert ist. Das spielt an der Stelle keine Rolle.)

Silke ist es sehr wichtig, dass ich verstehe, was genau der Hund macht. Ich erkläre ihr, dass ich das Verhalten kenne und sie müsse gar nicht so sehr ins Detail gehen. Als ich genug informiert bin, frage ich nach, was denn ihr Bedürfnis wäre. Sie schaut mich sehr verwundert an und erzählt wieder von Balou. Ich höre ihr zu und stelle im Anschluss noch einmal die gleiche Frage. Nach einer Pause bekomme ich doch eine Antwort: „Na er soll auf der Decke bleiben." Und schwups, ist sie wieder bei ihrem Hund.

Was passiert hier? Der Hund steht völlig im Fokus und der Mensch findet gar nicht statt. Das ist die Stelle, an der Menschen immer wieder davon sprechen, dass sie sich hilflos oder ohnmächtig fühlen. Sobald ich den Fokus auf die Frau lenke, schweift sie wieder ab zum Hund. Sie ist es gar nicht gewohnt, in diesem Kontext darüber nachzudenken, was ihr Bedürfnis ist. Der Hund soll irgendetwas lassen oder tun. Der Fokus liegt auf dem Hund.

Wie wird es möglich, diese Kundin in eine aktive Beteiligung zu holen, damit sie agiert und nicht reagiert? Zunächst schauen wir uns natürlich an, wie gut das Deckentraining funktioniert und vielleicht kann man da auch nachbessern. Doch viel wichtiger ist aus meiner Sicht, dass Silke einen Einblick in sich selbst bekommt. Es braucht eine Außenschau. Es klingelt, Balou dreht durch. Ab diesem Zeitpunkt reagiert Silke eigentlich nur noch. Das ist ihr allerdings nicht bewusst. Sie denkt, sie schimpft – was keinerlei Auswirkungen auf Balou hat. Der bellt, springt und fühlt sich von ihr eventuell sogar angefeuert.

Silke soll nun erst einmal nicht reagieren. Also klingelt es, Balou rennt zur Tür, bellt, schafft Unruhe. Silke soll nun einfach nur zuschauen, was passiert. Das fällt ihr extrem schwer. Sie denkt, sie müsste das sofort stoppen, weil es ihre Aufgabe ist. Was denken bloß andere, wenn Balou sich so verhält! Da es nicht weiter klingelt, beruhigt sich Balou wieder und kommt zu uns. Er ist zwar noch etwas aufgeregt, rennt aber nicht mehr zur Tür. Es geht mir jetzt nicht um Trainingsansätze, wie dieses Verhalten trainiert werden kann. Es geht mir darum, dass Silke lernt, was *ihr* Bedürfnis ist in der Situation. Und damit meine ich nicht, dass Balou etwas tun oder lassen soll. Nach und nach versteht Silke, worauf ich hinausmöchte. Sie denkt nach, wird ruhig und irgendwie auch traurig, dann sagt sie wirklich sehr leise und noch immer nachdenklich: „Ich möchte Besuch in Ruhe begrüßen können. Ich möchte ein Paket entspannt entgegennehmen!"

Das ist es, das ist Silkes Bedürfnis.

Sie versteht immer besser, wie schwer es ihr fallen wird, sich für sich selbst zu entscheiden.

Das liest sich vielleicht einfach, ist es für ganz viele Menschen jedoch nicht. Wir starten das Prozedere neu. Es klingelt, Balou flippt aus – ich erinnere Silke an ihr eben geäußertes Bedürfnis. Sie bleibt bei mir sitzen. Balou beruhigt sich irgendwann wieder. Nach und nach wird Silke klar, dass sie Balou ganz oft zu Besuch gelassen hat, weil es entweder der Besuch wollte oder sie dachte, dass es schön ist, wenn Balou sich freut. Das ist auch jetzt noch so. Sie möchte es (manchen) Menschen recht machen, die Balou wild begrüßen möchten und sie mag es, wenn er sich so riesig freut. Das Problem beginnt dann, wenn jemand nicht angesprungen werden möchte. Sie versteht immer besser, wie schwer es ihr fallen wird, sich für sich selbst zu entscheiden.

Jetzt hat sie eine völlig andere Motivation, an das anstehende Training heranzugehen.

Ich kann mich manchmal auch nicht gut wahrnehmen – gerade dann, wenn sich in mir Stress ausbreitet. Was ich in solchen Situationen allerdings sehr gut kann: Ich kann wahrnehmen, was Godiva guttut und was sie gerade braucht. Manchmal kann es sein, dass es nur eine kleine Kuscheleinheit ist. Dann trollt sie sich und ist super zufrieden. Jedes Mal, wenn ich mich darauf einlasse, merke ich, wie gut mir das tut. Oder eine Runde um den Block laufen, wenn ich zu lange am Schreibtisch gesessen habe. Das sind einfache Beispiele. Doch es kann auch sein, dass ich merke, dass es Godiva guttun würde, wenn ich mit ihr mehr mit einem Körperband arbeiten würde. Dann komme ich an den Punkt, an dem es mir schwer fällt, ihr das zu geben, weil das bedeuten würde, dass es auch gut wäre, wenn ich mir ebenfalls ein Körperband anlege. Es steigt ein Gefühl in mir auf, dass ich mir das nicht gönnen möchte, obwohl es mir ein Bedürfnis wäre. Manchmal gönne ich Godiva dann ein kleines Körperband – das reicht ihr schon, mehr kann sie noch nicht – und ich entscheide mich, für mich keines anzulegen. Es kann aber auch sein, dass ich den Gedanken, jetzt etwas mit Körperbändern zu machen, ganz beiseitelege. Das Gute daran ist: Der Gedanke kommt immer wieder und es kommt ja dann schon auch vor, dass das Bedürfnis Gehör findet.

Dissoziation

Ich starte hier mit einer kleinen Definition zu Dissoziation:

„Dissoziation ist ein psychologischer Zustand, bei dem eine Person eine vorübergehende Trennung oder Abspaltung von bestimmten Aspekten ihres Bewusstseins, ihrer Identität, ihrer Erinnerungen oder ihrer Wahrnehmung erlebt. Dies wird oft als Bewältigungsmechanismus bei traumatischen Erlebnissen oder starkem Stress angesehen."

Es gibt mehrere unterschiedliche Formen von Dissoziation, auf die ich hier nicht näher eingehen möchte. Ich möchte dir eher einen kleinen, generellen Einblick in das Wirken von Dissoziation geben.

Wir dissoziieren alle öfters den Tag über, zum Beispiel dann, wenn wir mit dem Auto unterwegs sind und eine uns bekannte Stecke fahren. Dann nehmen wir Veränderungen nicht wirklich wahr. Das kann eine Baustelle am Wegesrand sein, an die wir uns im Nachhinein nicht mehr erinnern können. Das ist eine gute Form von Dissoziation, die uns im Alltag sehr hilfreich ist. Wir funktionieren beim Autofahren einfach, da viele Prozesse automatisch ablaufen.

Etwas ganz anderes ist es jedoch, wenn traumatische Erlebnisse abgespalten werden und wir keine bewusste Erinnerung davon mehr haben. Das Erlebte wirkt dennoch in uns und begleitet uns Tag für Tag. Menschen mit Traumaerfahrung wissen sicher sehr genau, wovon ich spreche. Es braucht einen sehr sensiblen Umgang mit sich selbst, um sich immer wieder gut und in unterschiedlichen Situationen wahrnehmen zu können. Um so wichtiger ist es, dass wir uns immer wieder bewusst machen, welche Bedürfnisse wir gerade haben.

Das gleiche gilt auch für unsere Hunde. Vor allem bei Tierschutzhunden, deren Lebensgeschichte wir in der Regel nicht kennen, ist Dissoziation eine beobachtbare Lösung. Ein solcher Hund nimmt seine Außenwelt eher wenig wahr und bewegt sich – in seine eigene Welt versunken – auf dem Spaziergang. Das geht so lange gut, bis er aus seiner Welt „herausgerissen" wird, zum Beispiel dann, wenn er von einer fremden Person angesprochen oder gar angefasst wird. Dann kann es sein, dass er sich panisch zurückzieht oder nach vorne geht, indem er bellt, schnappt oder auch beißt. Der Wechsel von einem Zustand in den anderen geschieht sehr schnell, sodass kaum – wenn überhaupt – Anzeichen erkennbar sind. Verständlich, dass ein solches Verhalten die Besitzer völlig erschreckt und auch hilflos werden lässt.

Je nachdem, welche körperlichen Erfahrungen ein Hund gemacht hat, kann es auch passieren, dass er sich normal streicheln lässt, doch sobald ein bisschen Druck auf den Körper kommt oder die Bürste beim Kämmen etwas hängen bleibt, droht der Hund sofort. Er hält still und lässt das Streicheln über sich ergehen, weil er gelernt hat, dass Menschen das so wollen. Nicht immer droht der Hund, er könnte auch ganz still werden und sich nicht mehr bewegen – einfrieren sozusagen. Das muss nicht immer ein dissoziativer Prozess sein, es kann auch aufgrund einer unangenehmen Erfahrung sein. Es lohnt sich jedoch einmal genauer hinzuschauen, was im Hund vorgeht.

Es braucht enorm viel Zeit und auch Geduld, den gemeinsamen Weg mit dem Hund zu gehen. Immer wieder genau hinspüren, wie weit kann man gehen und wo ist die Grenze, die das Fass zum Überlaufen bringt. Je mehr Erfahrung du mit ihm gesammelt hast, desto besser kannst du mit seinem Verhalten umgehen.

Godiva ging am Anfang immer Schritt auf Spaziergängen. Manchmal rannte sie plötzlich los und hin und her, was keine wirklich normale Art der Fortbewegung war. Sie nahm kaum etwas aus ihrer Umwelt wahr, nicht einmal Hunde. Das änderte sich nach und nach, sehr langsam. Zuerst nahm sie Hunde wahr. Dann waren es Menschen. Nach etwa zwei Jahren fiel mir auf, dass sie immer wieder „normal“ spazieren ging. Normal heißt für mich, dass sie auf dem Spaziergang immer wieder von einer zur nächsten Schnupperstelle trabte. Das freute mich total, da es ein Zeichen war, dass sie wieder ein kleines bisschen mehr im Hier und Jetzt angekommen war. Wir haben Zeit Verhalten zu verändern – unserer ganzes gemeinsames Leben lang.

Wir haben Zeit Verhalten zu verändern – unserer ganzes gemeinsames Leben lang.

Autoaggression – Trigger

Vielleicht verwundert es dich, warum hier ein Abschnitt mit dem Titel Autoaggression auftaucht. Dieses Thema ist mir wichtig – nicht zuletzt, weil ich selbst eine Hündin mit autoaggressivem Verhalten habe und ich selbst ebenfalls davon betroffen bin.

Für viele Tierschutzhunde, die aus dem Ausland kommen, ist der Transport nach Deutschland ein traumatisches Erlebnis, einmal ganz abgesehen davon, was sie an Lebensgeschichte aus ihrer Heimat mitbringen. Aber auch Hunde, die hier zur Welt gekommen sind und behutsam aufwachsen konnten, können ein Trauma erfahren, zum Beispiel, wenn sie an einen elektrischen Weidezaun kommen.

Wollen wir ein solches Trauma auflösen, brauchen wir auch hier einen sehr sensiblen Umgang mit dem Verhalten des Hundes. Manchmal ist ein solcher Hund wirklich sehr unbeschwert unterwegs und plötzlich reagiert er auf etwas, das ein Verhalten in ihm triggert.

Ein „Trigger" ist ein Reiz, der starke emotionale oder psychologische Reaktionen bei Menschen und auch Hunden hervorrufen kann. Dies geschieht vor allem dann, wenn bestimmte traumatische Erfahrungen im Laufe des Lebens gemacht wurden. Umgangssprachlich wird der Begriff inzwischen auch dann eingesetzt, wenn eine Situation in uns eine meist negative Reaktion auslöst. Als Fachbegriff wird er häufig in Verbindung mit posttraumatischen Belastungsstörungen verwendet, doch es gibt ganz unterschiedliche Kontexte, in denen er Anwendung findet. Hier ein paar Beispiele:

Sinneseindrücke: Bestimmte Gerüche, Geräusche, Geschmäcker oder visuelle Reize können Erinnerungen an vergangene traumatische Erlebnisse auslösen.

Worte oder Sprache: Bestimmte Wörter, Sätze oder Stimmen können auch an etwas erinnern, was uns aufgrund eines Traumas sehr belastet.

Orte: Ein Ort, der mit einem traumatischen Ereignis in Verbindung steht, kann ein Trigger sein und starke emotionale Reaktionen hervorrufen.

Personen: Das Erscheinen oder die Anwesenheit bestimmter Personen kann uns völlig aus der Bahn werfen oder uns dissoziieren lassen.

Geschehnisse: Bestimmte Ereignisse oder Situationen können Trigger sein, wenn sie an vergangene traumatische Erfahrungen erinnern.

Trigger können dazu führen, dass Menschen und auch Hunde völlig unangemessen auf eine Situation reagieren, indem sie beispielsweise Angst, Panik, Wut oder andere emotionale Reaktionen zeigen. Trigger sind sehr individuell, das ist mir sehr wichtig zu erwähnen. Was für eine Person oder einen Hund ein Auslösereiz ist, kann für eine andere Person oder einen anderen Hund völlig entspannt bleiben lassen. Deshalb ist es nicht hilfreich zu sagen, dass eine bestimmte Situation nicht schlimm ist. Wie schlimm etwas ist, entscheidet jedes Individuum selbst. Mir zum Beispiel nützt es nichts, wenn ich auf einem Balkon mit wackeligem Geländer im fünften Stockwerk stehe, dass mir jemand von der tollen Aussicht vorschwärmt und mir sagt, dass das Geländer schon immer gehalten hat. Ich habe Höhenangst und entscheide sehr gerne selbst, ob ich mich sicher fühle oder eben nicht.

Autoaggression heißt, sich selbst zu verletzen. Bei Godiva sieht das so aus, dass sie sich in ihre Rute beißt, wenn sie mit einem Trigger konfrontiert ist. In der Zeit, in der sie im Tierheim war, war jeden Morgen der Zwinger blutig. So war die Aussage der Tierpflegerinnen. Was auch immer sie dazu veranlasst hat – für mich war wichtig, ihre Trigger so schnell wie möglich kennenzulernen, damit ich sie erst einmal vermeiden konnte.

Manche Trigger sind bei ihr inzwischen nicht mehr aktiv, da wir gut daran gearbeitet haben und ich sie in einer solchen Situation gut managen kann. Einer der Trigger, die ich vermeide, ist das Verwickeln in einer Leine.

Es gibt Menschen, die gerne Hundekontakt zulassen möchten, deren Hund jedoch an einer Schleppleine ist, die sie nicht abnehmen können. Einen solchen Kontakt lasse ich nicht zu. Wenn ich mit jemandem unterwegs bin, dessen Hund an einer Schleppleine ist, sind diese Menschen instruiert und achten entsprechend darauf. Godiva selbst hat gelernt, Leinen aus dem Weg zu gehen, was sie auch mit großer Gewissheit tut. Sie hat gelernt, auf sich selbst zu achten. Das war allerdings nur möglich, weil ich dafür gesorgt habe, dass sie genau das lernen konnte.

Um diesem Trigger näher zu rücken, wäre das Arbeiten mit Körperbändern gut, doch das bringt mich an meine eigenen Grenzen und ist derzeit noch nicht so häufig möglich. Wer weiß, vielleicht bin ich bei Erscheinen dieses Buches oder zu dem Zeitpunkt, zu dem du es liest, schon sehr viel weiter, da durch das Schreiben eines Buches Prozesse in Gang gesetzt werden, die vorher nicht möglich waren.

Mein eigenes autoaggressives Verhalten bezieht sich auf mein Essverhalten. Ich war noch nie in meinem Leben richtig schlank. Essen war für mich immer eine Art von Beruhigung, wenn Stress in mir aufkam oder wenn ich in einem bestimmten Kontext über eine meiner Grenzen gegangen bin. Ich finde dann keinen Stopp. Bin ich in einer solchen Situation und habe das Gefühl von Überforderung, dann verfalle ich immer wieder in einen Essflash. Es gibt Phasen, in denen das häufiger vorkommt und Zeiten, in denen ich mich ganz gut selbst regulieren kann. Der Leidtragende an diesem Verhalten ist mein Körper, zu dem ich in diesen Momenten keinen Zugang habe. Ich verletze ihn durch ungesundes und zu viel Essen ebenso, wie Godiva sich verletzt, wenn sie sich in die Rute packt.

Ich kenne meine Trigger recht gut, doch ich kann nicht immer verhindern, dass sie aktiv werden. Manchmal nehme ich ein Bedürfnis wahr und folge ihm. Das kann sein, dass ich zu Besuch bei jemandem bin und das Gefühl habe, dass es gut wäre, zu gehen. Wenn ich es schaffe, zu gehen, ist alles gut. Doch manchmal denke ich, dass von mir erwartet wird noch zu bleiben – was völliger Blödsinn ist – und wenn ich dann nicht gehe, komme ich in den Bereich von Überforderung und es kann gut sein, dass ich hinterher einen Essflash habe. Nämlich dann, wenn ich wieder zuhause bin und mich sicher fühle. Richtig bewusst habe ich nicht mitbekommen, dass ich über eine meiner Grenzen gegangen bin. Das wird mir erst zu einem späteren Zeitpunkt klar.

Im Grunde bin ich der Meinung, dass jegliche Form von Suchtverhalten autoaggressives Verhalten ist. Bei mir ist es Essen, andere sehr weit verbreitete Süchte sind Rauchen oder Trinken von zu viel Alkohol. Sport kann zur Sucht werden, genauso wie Spiele, soziale Medien und Kaufen von Dingen, die man nicht wirklich benötigt. Vermutlich kann diese Liste noch um einiges ergänzt werden – mach das gerne, wenn dir noch Dinge einfallen.

Auch Hunde zeigen Suchtverhalten. Wir können das regulieren. Essen kann bei Hunden auch autoaggressiv werden. Manche haben keine Wahrnehmung dafür, wenn sie satt sind. Das allerdings ist etwas, was wir kontrollieren könnten. Jagdverhalten durch Freisetzen unterschiedlicher Hormone, exzessives Spiel mit einem Ball, Knabbern oder Lecken an Pfoten, Hüten bei manchen Rassen kann schnell ungesund werden, wenn wir nicht aufpassen. Auch hier gibt es sicher noch weit mehr, mit dem diese Liste ergänzt werden kann.

Mich beschäftigt dieses Thema sehr, deshalb widme ich ihm hier Raum. Vielleicht konnte ich dich ein wenig sensibilisieren, wie schnell Verhalten entstehen kann, dass sich verselbständigt und nicht mehr gesund ist. In einer Zeit, in der die Herausforderungen für jeden Einzelnen von uns immer größer werden, braucht es mehr Aufmerksamkeit hin zu sich selbst und Achtung, wie es sich in welchem Kontext im eigenen Inneren gerade anfühlt.

In einer Zeit, in der die Herausforderungen für jeden Einzelnen von uns immer größer werden, braucht es mehr Aufmerksamkeit hin zu sich selbst.

„Wenn wir einen Menschen hassen, so hassen wir etwas, was in uns selber sitzt. Was nicht in uns selber sitzt, regt uns nicht auf."

Hermann Hesse

Die Macht unseres Unterbewusstseins

Da es nie schaden kann, sich ein wenig mit dem Unterbewusstsein zu beschäftigen, soll es auch in diesem Buch etwas Raum bekommen.

Viele unserer Emotionen und Bedürfnisse liegen in unserem Unterbewusstsein. Obwohl sie uns nicht bewusst sind, steuern sie einen großen Teil unsers Lebens. Etwa. 80% dessen, was zu unserem Verhalten führt, liegt im Unterbewusstsein, sprich es ist uns nicht bewusst, was wir gerade

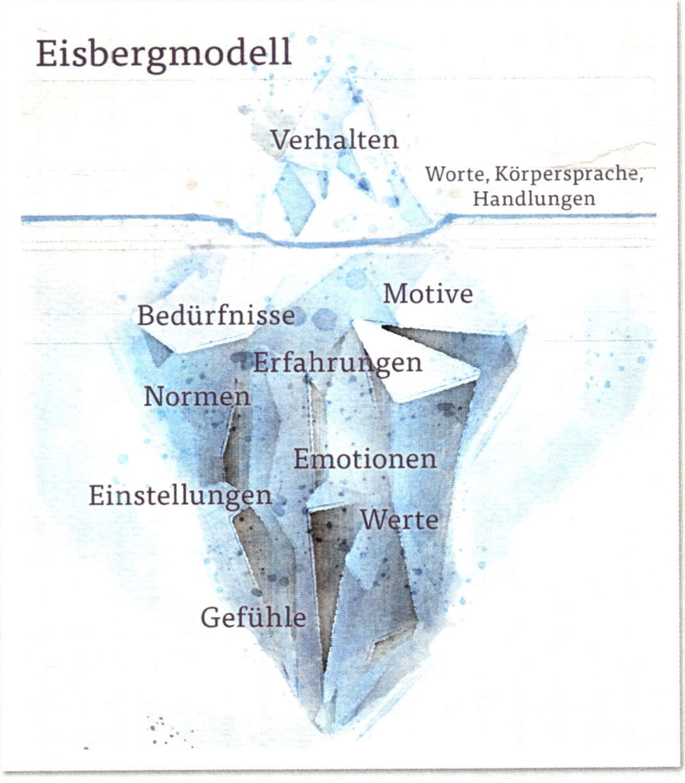

tun. Das Modell des Eisbergs zeigt ganz gut, wieviel in Wirklichkeit unter der Wasseroberfläche verborgen liegt.

Der Teil, der nicht sichtbar ist, wird in Teilen auch Schattenanteile genannt. Schatten deshalb, weil er nicht sichtbar ist und auch nicht bewusst fühlbar. Dennoch gibt es diese Anteile und sie lenken uns. Es kann ein Trigger sein, der einen dieser Schattenanteile aktiv werden lässt und wir werden traurig, wütend oder auch unsicher. Da uns nicht bewusst ist, was in diesem Moment passiert, ist eine häufige Reaktion, dass unser Gegenüber schuld daran ist, dass er dieses Gefühl in uns ausgelöst hat. Das jedoch stimmt so nicht, denn der Teil in dir, der berührt wird, ist schon vor vielen Jahren entstanden und hat in der Tiefe nichts mit dem anderen zu tun.

Dieses Gegenüber kann natürlich auch dein Hund sein. Trifft das Verhalten deines Hundes auf einen deiner Schattenanteile, kommst du in Stress. Wie auch immer deine bevorzugte Art zu reagieren ist: Es ist gut, herauszufinden, wie du reagierst. Bei mir ist es oft Wut. Ich werde wütend, wenn jemand meine Schattenanteile berührt. Da ich mich viel mit diesem Thema beschäftigt habe, habe ich eine Strategie gelernt, meinem ersten Impuls nicht zu folgen und abzuwarten, was danach kommt. Bei Hunden und in meiner Arbeit mit Menschen mit Hund bleibe ich entspannt. In persönlichen Beziehungen mit anderen Menschen wird es schon schwieriger, mich zu regulieren und wahrzunehmen, was gerade in mir passiert.

Nehmen wir an, dein Hund zeigt ein unerwünschtes Verhalten, zum Beispiel bellt er einen anderen Hund an, der an euch vorbeigeht. Was passiert in dem Moment in dir? Fühlst du dich entspannt, weil du weißt, dass du daran arbeitest und auf einem guten Weg bist, dein Ziel aber noch nicht erreicht hast, da noch ein paar Zwischenschritte fehlten? Dann trifft das Verhalten deines Hundes nicht auf einen Schattenanteil, sondern du kannst gut damit umgehen und sowohl dein als auch das Verhalten deines Hundes real einschätzen.

Oder fühlst du dich hilflos, weil dein Hund schon wieder dieses Verhalten zeigt? Du denkst, ihr kommt nie aus diesem schrecklichen Verhalten heraus und du kannst es einfach nicht. Immer wieder taucht das Gefühl in dir auf: Vermutlich bin ich meinem Hund einfach nicht gewachsen. Was auch immer an Emotionen in dir auftaucht, nimm einfach wahr, was ist. Alles darf sein und wird dir helfen, die Situation klarer betrachten zu können.

Gerade wenn es laut wird oder bei aggressivem Verhalten geschieht es sehr schnell, dass Menschen sich hilflos fühlen. Das muss nicht so bleiben. Hunde können durch gezieltes Training lernen, ruhig an anderen Hunden vorbeizugehen. Die Übungen sollten positiv aufgebaut werden und nicht nur dein Hund wird in das Training mit einbezogen, sondern auch du. Euer Ziel – an lockerer Leine an anderen Hunden vorbeizugehen – könnt ihr nur erreichen, wenn ihr diesen Weg gemeinsam geht und auch gemeinsam lernt.

Je klarer dir wird, wie dein Verhalten entsteht, desto bewusster kannst du entscheiden, wie du agieren oder reagieren möchtest. In dem Moment, in dem dir bewusst wird, wie du gerade reagierst oder welche Reaktion in dir ausgelöst wird, bist du dem Schritt einer bewussten Handlung sehr viel näher gekommen.

Je klarer dir wird, wie dein Verhalten entsteht, desto bewusster kannst du entscheiden, wie du agieren oder reagieren möchtest.

Bewusste Handlungen

Bleiben wir bei dem Beispiel von eben – einer Hundebegegnung. Nur, wenn dir bewusst ist, was in dir vorgeht, wenn dein Hund ein unerwünschtes Verhalten zeigt – in diesem Fall bellt er einen anderen, vorbeilaufenden Hund an – kannst du dich an einen Trainingsplan halten. Der Trainingsplan muss so abgestimmt sein, dass er eurem Trainingsstand entspricht. Sehr kleine Schritte und solche, die für euch beide machbar sind. Lernen sollte immer so aufgebaut sein, dass ihr bei jedem kleinen Schritt erfolgreich sein könnt.

Es taucht also ein Hund auf. Was ist der erste Schritt, den es für dich und deinen Hund zu beachten gilt? Am Anfang des Trainings ist es gut, einen kompetenten Hundetrainer an deiner Seite zu haben, der dich anleitet, wie du vorgehst.

Du musst die Situation nicht einfach aushalten und warten, bis sie vorbei ist und du wieder einmal die Erfahrung gemacht hast, dass du deinem

Hund nicht gewachsen bist oder du einfach nicht fähig bist, deinen Hund ruhig zu halten.

Je besser du die kleinen Schritte verinnerlichst, desto mehr Selbstwirksamkeit wird in dir entstehen. Du wirst feststellen, dass du die Aufmerksamkeit deines Hundes bündeln kannst oder er sich sogar hinsetzt, wenn ein anderer Hund vorbeigeht. Vielleicht ist das noch in einiger Entfernung, doch das ist absolut prima. Du weißt nun, was du tust und dir ist bewusst, wie du deinen Hund lenken kannst.

Einfache Übungen, um die Aufmerksamkeit deines Hundes erst einmal umzulenken, sind „Stups" – dein Hund stupst mit seiner Nase in deine Hand oder „Check" – du wirfst ein Leckerchen nach dem anderen auf den Boden, die dein Hund dann nehmen kann. Er soll sie nicht suchen müssen, sondern einfach nur aufnehmen.

Salutogenese – eine Übung sollte für dich sinnvoll, machbar und verständlich sein.

Jeder Hundetrainer sollte viele Werkzeuge an der Hand haben. Wenn dir die eine Übung nicht wirklich liegt oder du damit absolut nicht klarkommst, dann äußere das. Es kann auch sein, dass sie dir nicht sinnvoll vorkommt oder du den Hintergrund nicht verstehst. Frag nach – so lange, bis dir alles klar ist. Wenn du alleine mit deinem Hund übst, ist es wichtig, dass du die Übung verstanden hast, damit du sie richtig und gut umsetzen kannst. Viele Wege führen nach Rom, ein Profi kann dir eine andere, ebenso wirksame Übung zeigen.

Salutogenese finde ich ein wunderbares Wort an der Stelle. Salutogenese setzt sich aus zwei Worten zusammen: „salus" (lat. Gesundheit), und „genesis" (griech. Entstehung oder Ursprung). Zusammen bezieht sich „Salutogenese" auf die Entstehung von Gesundheit. Der Begriff wurde von dem Medizinsoziologen Aaron Antonovsky geprägt, um den Fokus auf die Faktoren zu legen, die zur Förderung und Erhaltung von Gesundheit beitragen.

Sie sagt aus, dass eine Übung für dich sinnvoll, machbar und verständlich sein soll.

Schattenarbeit - mit dem Unbewussten

Da es manchmal schwierig erscheint, in einer konkreten Situation, in der dein Hund ein unerwünschtes Verhalten zeigt, auch noch zu realisieren, was in dir vorgeht, stelle ich dir hier drei Übungen vor, wie du dir klarer darüber werden kannst, was zunächst unbewusst in dir passiert.

Ich orientiere mich noch immer am Beispiel einer Hundebegegnung. Fühle dich frei, eine andere Situation zu nehmen, die für dich und deinen Hund herausfordernd ist.

Übung 1

Du nimmst drei große Blatt Papier. Auf das eine schreibst du deinen Namen, auf das zweite den Namen deines Hundes und auf das dritte zum Beispiel. Bellen/An der Leine ziehen (wir bleiben hier bei dem Beispiel einer Hundebegegnung). Nun legst du alle drei Blätter mit ein wenig Abstand auf den Boden. Nacheinander stellst du dich auf jedes der Blätter. Du startest bei dir. Deine Position kannst du immer wieder wechseln. Spüre auf jedem Blatt gut in dich hinein. Schließe dazu auch gerne die Augen. Welche Bilder steigen in dir auf, hörst du etwas, nimmst du einen Geruch wahr, gibt es eine oder mehrere Farben, die du siehst?

Nimm dir ausreichend Zeit, bis du wirklich das Gefühl hast, dass du alle drei Blätter gut erkundet hast. Ende auf dem Blatt, auf dem dein Name steht.

Schreib dir danach auf, was du wahrgenommen hast.

Übung 2

Nimm zwei Stühle und stelle sie so auf, dass sie sich gegenüber stehen. Das eine ist dein Stuhl, der andere Stuhl ist stellvertretend für deinen Hund. Starte nun, indem du dich auf deinen Stuhl setzt und „deinem Hund" schilderst, wie du die Situation wahrnimmst, wie du dich fühlst und was du dir wünscht. Mach die Übung alleine für dich und sei wirklich ehrlich. Manchmal ist es schon eine kleine Herausforderung, die Wahrheit auszusprechen.

Wenn du dir alles von der Seele gesprochen hast, setze dich auf den Stuhl deines Hundes. Nun erzähle dir die Situation aus seiner Sicht. Bevor du dir dein Gehirn zermarterst, was nun richtig oder falsch sein könnte – es ist alles richtig, was du sagst. Natürlich sind es deine Worte, doch du wirst direkt bemerken, dass sich etwas in dir verändert, wenn du dich auf den Stuhl „deines Hundes" setzt. Meine herzliche Einladung: probiere es einfach aus.

Du kannst die Stühle auch noch ein paar Mal wechseln, wenn du das Gefühl hast, dass noch etwas gesagt werden müsste oder ein Gedanke auf jeden Fall noch Gehör finden möchte.

Schreibe dir nun alles auf, was an Gefühlen und Gedanken in dir aufgestiegen ist.

Übung 3

Diese Übung ist für die schon etwas Fortgeschrittenen. Es ist eine vereinfachte Form der 3-2-1 Schattenarbeit nach Ken Wilber, einem amerikanischen Philosophen und integralen Bewusstseinsforscher. Du kannst die Übung im Sitzen, Stehen oder Liegen machen und dabei die Augen schließen.

1. Du nimmst zunächst die Vogelperspektive ein und betrachtest dich und deinen Hund von außen kurz vor während und kurz nach einer Hundebegegnung. Schau dir an, wie ihr beide reagiert. Das Thema für dich ist vielleicht, dass dein Hund in die Leine rennt und bellt.

2. Jetzt bist du wieder du selbst und hältst einen imaginären Dialog mit deinem Hund. Du kannst ihm getrost alles sagen, was in dir aufsteigt, was du fühlst und was du denkst. Das ist sogar gut, da du dadurch noch besser mit deinem Gefühl in Kontakt kommst.

3. Nun nimmst du mental die Position deines Hundes ein. Wie fühlt er sich in der Situation? Wenn du es gemeistert hast, dich wirklich in deinen Hund einzufühlen, schafft das sofort sehr viel Verständnis. Zusätzlich kannst du auch schauen, wie dein Hund in der Situation, wenn er dieses Verhalten zeigt, auf dich schaut.

Schreib dir auch bei dieser Übung auf, was du gefühlt und gedacht hast.

Such dir eine der Übungen aus, die dir am besten gefällt und übe dich darin. Du wirst bestimmt Antworten auf Fragen bekommen, die du so nicht erwartet hättest. Ich wünsche dir von ganzem Herzen, dass du die Schuld weder bei dir noch bei deinem Hund suchst, sondern eine Lernende oder ein Lernender bist, auf dem Weg zu einer leichten Lösung – auch wenn das Ziel nicht immer einfach zu erreichen ist.

> Ich wünsche dir von ganzen Herzen, dass du die Schuld weder bei dir noch bei deinem Hund suchst, sondern eine Lernende oder ein Lernender bist, auf dem Weg zu einer leichten Lösung – auch wenn das Ziel nicht immer einfach zu erreichen ist

Der Hund als Spiegel

Es ist so schön, wie wir Training mit unseren Hunden auch bei uns selbst anwenden können. Ganz häufig ist ein Verhalten deines Hundes ein Spiegel, aus dem du etwas lernen kannst. Das heißt nicht, dass du dir jedes Verhalten deines Hundes zu eigen machen sollst. Du sollst auch nicht bei allem darüber nachdenken, was dir dein Hund mit diesem oder jenem Verhalten spiegelt.

Ich werde immer wieder gefragt, wie ein vielleicht seltsames Verhalten des Hundes den jeweiligen Besitzer spiegelt. Meine Antwort ist immer die gleiche: Das weiß ich nicht. Es kann sein, dass ein Verhalten des Hundes von seinen Besitzern immer wieder zur Kenntnis genommen wird, in den Menschen jedoch nichts auslöst. Vielleicht freuen sie sich ein bisschen darüber, vielleicht finden sie es ein wenig seltsam, aber wenn der Hund das Verhalten nicht zeigt, denken sie auch nicht daran. Das ist kein Verhalten, das irgendetwas spiegelt.

Es sind eher Verhaltensweisen, die ein Gefühl wie zum Beispiel Angst, Wut, Unsicherheit, Nervosität oder Stress in dir auslösen. Bei solchen Verhalten ist es sinnvoll, genauer hinzuschauen. Ich bin in der Regel recht vorsichtig mit Aussagen in dieser Richtung, da ich meine Kunden nicht auffordern möchte, bei jeder Kleinigkeit darüber nachzudenken, ob der Hund ihnen gerade etwas spiegelt.

Wenn du die Perspektive deines Hundes einnimmst, erfährst du vielleicht, dass auch er unsicher und hilflos ist. Er weiß nicht, wie er sich verhalten soll, wenn ein Hund entgegenkommt und da er nicht wegkann, weil er an der Leine ist, braucht die immer weiter steigende Anspannung ein Ventil. Er kann sich nicht mehr selbst regulieren. Die Folge daraus ist, dass er ausflippt, bellt und in die Leine rennt.

> Wenn du die Perspektive deines Hundes einnimmst, erfährst du vielleicht, dass auch er unsicher und hilflos ist.

Es ist also nicht direkt das, was du siehst, sondern das, was dahintersteckt. Ganz häufig sind die Hunde wirklich unsicher, wenn sie dieses Verhalten zeigen. Es kann natürlich sein, dass dein Hund in einer solchen Situation ein ganz anderes Verhalten zeigt. Ich kann hier leider nicht auf alle Verhaltensweisen eingehen, auch wenn ich das in meiner Praxis liebend gerne tue.

Ich liebe dieses Thema und steige sehr gerne darauf ein, wenn ich mit Kunden an den Punkt komme, an dem sie sagen: „Ach, das ist ja eines meiner Lebensthemen". Dann gehe ich gerne weiter mit ihnen diesen Weg und wir schauen genauer hin. Ich warte also immer, ob eine Bereitschaft meines Gegenübers dazu da ist.

Eine meiner Kundinnen war eine wirklich recht kleine und zierliche Frau mit einer großen Golden Retriever Hündin. Die Hündin wollte draußen zu jedem Menschen in total freundlicher Art und Weise Kontakt aufnehmen. Sie zog hin und viele Menschen freuten sich über das Verhalten der Hündin. Die Besitzerin selbst fand das Verhalten auch eher normal. Sie hatte das Problem, dass die Hündin im Freilauf nicht zurückkam. Daran wollte sie arbeiten. Mein Vorschlag war jedoch, dass wir uns zunächst einmal genauer anschauten, ob es nicht eine Möglichkeit gab, das Verhalten der Hündin, das sie an der Leine zeigte, zu verändern.

Im Gespräch mit der Kundin stellte sich heraus, dass sie selbst eher keinen Kontakt mit den Menschen wollte, die ihren Hund so toll fanden. Auf meine Frage, ob sie dann weiterhin möchte, dass ihre Hündin mit den Menschen in Kontakt geht, antwortete sie, dass es ihre Hündin ja möchte und die anderen Menschen da draußen auch. Aha, wessen Bedürfnis ist hier also zentral? – war meine weitere Frage. Die Frau überlegte eine ganze Zeit, schaute mir dann erst tief in die Augen, bevor sie sagte: Ach, das ist ja mein Lebensthema.

Das ist der Zeitpunkt, zu dem ich in das Thema „Der Hund als Spiegel" einsteigen kann. Wir hätten natürlich gleich mit dem Training für Rückruf starten können. Doch aus meiner Sicht ist das wenig sinnvoll, wenn die Hündin immer wieder lernt, dass sie in einer wesentlich kontrollierteren Situation wie an der Leine gehen tun kann, was sie möchte. Zu dem Zeitpunkt, als ich bei der Leinenführigkeit bleiben wollte, wusste ich nicht, ob dahinter ein Thema steckte, das ein Verhalten der Besitzerin spiegelte. Ich hatte nicht einmal einen Gedanken daran. Es hat sich einfach so entwickelt, weil es aus meiner Sicht wichtig war, zur Leinenführigkeit hinzuschauen und warum es der Frau egal war, wen die Hündin begrüßte. Ich ließ mich also von meiner Intuition leiten.

Auch hier war es so, dass es für die Frau ausreichte, dass wir gemeinsam zu ihrem eigenen Bedürfnis nochmal genauer hingeschaut haben. Sie wollte eigentlich in Ruhe mit ihrer Hündin an anderen Menschen vorbeigehen. Und siehe da, es war gar kein Problem, mit der Hündin an Menschen vorbei zu gehen. Das Problem, das für die Kundin ja gar keines war, hatte sich in Luft aufgelöst. Sie konnte es sogar selbst lösen. Ich habe ihr ein paar wenige Tipps gegeben, mehr brauchte es nicht und auch der Rückruf wurde sofort besser.

Die Lösung ist in dir

Ich kann es so sehr nachvollziehen, wenn mich Kunden fragen, was ihr Hund ihnen sagen möchte, wenn er in einer ganz bestimmten Art und Weise mit ihnen in Kontakt tritt. Oder wenn sie ihren Hund besser verstehen möchten, gerade dann, wenn er ein unerwünschtes Verhalten zeigt.

Verhalten hat immer einen Grund und ist in der Regel auch zielgerichtet. Doch das heißt noch lange nicht, dass es gleichzeitig auch bewusst ist. Weder dein Verhalten noch das Verhalten deines Hundes. Manchmal entsteht ein Verhalten einfach aus dir heraus, ohne dass du damit ganz konkret etwas mitteilen möchtest. Für einen Großteil der Verhaltensweisen gibt es also einen Grund, den wir verstehen lernen können. Über andere Verhaltensweisen braucht man nicht wirklich oder in der Tiefe nachzudenken, da sie eher Übersprungshandlungen sind oder einfach „nur so" entstanden sind.

Kratzt du dich beispielsweise am Kopf, kann es sein, dass es dich gerade juckt. Es kann jedoch auch sein, dass es eine Übersprungshandlung ist, weil dir jemand gerade eine (für dich) etwas unangenehme Frage gestellt hat. Sollte es jucken, ist Kratzen eine bewusste Handlung. Bei der Übersprungshandlung kann dein Handeln sehr wohl unbewusst sein. Gehen wir davon aus, dass dir in beiden Fällen eine Person gegenübersitzt. Wie würdest du reagieren, wenn sie fragen würde: „Was möchtest du mir damit sagen, dass du dich am Kopf kratzt?"

Solche Verhalten gibt es auch beim Hund. Es ist also schon eine kleine Herausforderung, zu unterscheiden, was wirklich relevant ist und was nicht.

Je mehr du deine eigenen Bedürfnisse kennenlernst und je besser du die deines Hundes erkennen kannst, desto leichter wird dir die ein oder andere Entscheidung fallen. Es ist gut, sich Unterstützung von außen zu holen, damit du dich und deinen Hund immer besser kennenlernst, und je näher du dir und deinem Hund kommst, desto mehr wirst du erkennen, dass die Lösung schon in dir da war.

In der Arbeit und im Leben mit deinem Hund geht es niemals darum, jemand anderen zu kopieren oder den Weg zu gehen, den dir jemand anderer vorgibt. Es geht immer darum, deinen eigenen Weg zu finden. Den Weg, der der beste ist für dich und deinen Hund. Diesen Weg gibt es bereits in dir, doch es kann gut sein, dass er noch sehr verborgen vor sich hinschlummert. Deshalb ist es gut, sich auf den Weg zu machen und ihn zu entdecken.

> In der Arbeit und im Leben mit deinem Hund geht es immer darum, deinen eigenen Weg zu finden.

Manche Werkzeuge fürs Hundetraining, die für mich und auch andere Menschen gut sind, passen vielleicht einfach nicht zu dir oder zu deinem Hund. Das ist völlig in Ordnung. Du bist richtig, wie du bist und das Gleiche gilt für deinen Hund. Du hast deine Geschichte, die dich zu dem Menschen macht, der du bist – mit allen Stärken und Schwächen. Und das ist gut und richtig so. Für mich ist Demut an der Stelle ein sehr wichtiges Wort. Und sollte mir der Zugang zu Demut für einen Moment verlorengehen und ich beginne jemanden zu bewerten, dann erinnere ich mich sehr gerne an die Redewendung: „Es ist noch nie jemand in deinen Schuhen gegangen." Der Satz erdet mich sofort und ich kann mich wieder entspannen.

„Ein guter Plan heute ist besser als ein perfekter Plan morgen.“

George Smith Patton

Einlassen auf den Veränderungsprozess

Anfang der 2000er Jahre war ich einmal mit Fitz unterwegs, er lief frei und schnupperte mal hier mal da. Da uns jemand entgegenkam, war es mir lieber, er war bei mir und ich rief ihn, damit er kam. Das tat er allerdings nicht. Auch mehrmaliges Rufen hatte keinen Erfolg. Ich war echt sauer auf den Kerl. Also ging ich zu ihm und leinte ihn an. Damals war ich noch der Meinung, dass ein solches Verhalten eine Konsequenz braucht, deshalb ließ ich ihn ab da hinter mir herlaufen. Aus meiner Sicht hatte er sich das mehr als verdient. Ich bog immer wieder ab, um ihm das Ganze etwas unangenehmer zu machen.

Fitz hatte ich zum Blindenführhund ausgebildet, deshalb hatte er gelernt, an einem Bordstein anzuhalten. Da er nie in einen realen Einsatz kommen würde, habe ich die kleinen Bordsteine, die es bei Parkplätzen gibt, nicht wirklich gesondert trainiert, weshalb er sie mal verwiesen hat, in der Regel aber nicht.

Ich war also sauer und habe Fitz hinter mir hergehen lassen, während ich Zick-Zack lief. Plötzlich ruckte es sehr unsanft an der Leine und ich wurde abrupt gestoppt. Als ich mich umdrehte, traute ich meinen Augen nicht. Fitz stand an der Bordsteinkante eines Parkplatzes und schaute mich mit erwartungsvollen Augen an, die mir vermittelten, er hätte gerade Großes geleistet.

Blöderweise war mir nicht aufgefallen, dass ich auf einen Parkplatz gegangen war. Was tun? Naja, kurz gesagt, habe ich ihn für sein Verhalten gelobt und meine schlechte Laune verflog im Nu. Ich war plötzlich total begeistert, dass Fitz mich auf einen Fehler aufmerksam gemacht hatte. Wäre ich nicht so sauer gewesen, wäre mir bestimmt aufgefallen, dass ich auf einen Parkplatz gelaufen war. Ohnehin bin ich schon seit vielen Jahren der Meinung, dass schlechter Rückruf keine Konsequenz, sondern besseres Training in unterschiedlichen Kontexten braucht.

Von daher hatte er in allen Teilen recht und ich habe eine wichtige Lektion in Sachen Hundetraining von meinem Hund gelernt. Ich fand ihn überaus kreativ in seiner Art und Weise, an die Sache heranzugehen, was aus meiner Sicht definitiv belohnt werden darf.

Kennst du solche Situationen mit deinem Hund auch? Wie steht es um deine Sicht der Dinge, wenn du eigentlich denkst, dass das Verhalten deines Hundes Konsequenzen haben sollte?

Lernen ist ein Prozess, der niemals endet. Wir Menschen und auch unsere Hunde lernen immer wieder dazu, so ist das Leben. Sich darauf einzulassen und nicht festzuhalten an alten Denkmustern und Glaubenssätzen öffnet uns für Neues und macht Lernen um so vieles einfacher.

Sich immer wieder neu einzulassen mit einem leeren, offenen Geist, bewirkt wahre Wunder an der ein oder anderen Stelle. Ich wünsche dir und deinem Hund viele schöne und lehrreiche Moment, in denen ihr beide lernen könnte. Mal der eine, mal der andere.

Lernen ist ein Prozess,
der niemals endet.

Problem erkennen und analysieren

Lernen ist ein Prozess und das Lösen eines Problems hat immer mit Lernen zu tun. Nie ist ein Problem genau gleich wie das andere, es braucht immer wieder eine Anpassung und ein genaues Hinschauen, wie diese Anpassung aussehen sollte.

> In diesem Buch gehe ich sehr wenig auf konkrete Trainingstechnik ein, dazu gibt es einige andere Bücher, die wirklich gut sind und dich ausführlich an das Thema heranführen. Mir ist jedoch wichtig zu betonen, dass es ganz ohne Trainingstechnik schwierig werden wird, eine wirklich sinnvolle und nachhaltige Lösung für ein Problem zu finden. Deshalb solltest du dich definitiv auch damit auseinandersetzen.

Der erste Schritt, um eine gute Lösung finden zu können, ist: Das Problem wahrnehmen und anerkennen. Dabei ist es gut, dies auf einer sehr sachlichen Ebene zu sehen. Je sachlicher du ein unerwünschtes Verhalten deines Hundes betrachten kannst, desto besser kannst du dich davon distanzieren. Warum ist diese Distanz notwendig? Dein Hund ist in ganz vielen Situationen ein ganz toller Hund und du liebst ihn. Und bei dieser einen Sache gibt es Verbesserungsbedarf. Damit du also nicht in die Falle tappst, dass dein Hund beispielsweise generell aggressiv ist, jagt oder unsicher ist, braucht es Distanz zu einem Verhalten, an dem du noch arbeitest. Er ist nicht das unerwünschte Verhalten, sondern er zeigt es – im Moment noch – in bestimmten Situationen.

> Nicht dein Hund ist das Problem, sondern das Verhalten, das er in manchen Situationen zeigt.

Mit mehr Abstand wird es dir leichterfallen, die einzelnen, notwendigen Trainingsschritte eher technisch zu sehen. Du kannst sie nacheinander abarbeiten, weil dein Hund ja nicht das Problem ist, sondern das Verhalten, das unerwünscht ist.

Je weiter du im Training vorankommst, desto positiver wird sich das Verhalten deines Hundes verändern. In diesem Veränderungsprozess lernt ihr beide fleißig dazu. Beide verändert ihr euer Verhalten in dem Tempo, das zu euch passt und in den Schritten, die möglich sind. Denk immer daran: Das Gras wächst auch nicht schneller, wenn du dran ziehst.

Sowohl dein Hund als auch du seid allerdings nach wie vor die Gleichen. Ihr seid vor Trainingsbeginn schon richtig gewesen, wie ihr wart. Der Unterschied macht der Lernprozess, in den ihr gemeinsam eingestiegen seid.

Schauen wir uns das an drei kleinen Beispielen an:

Beispiel Leinenführigkeit

Ein Problem, das viele kennen: Der Hund zieht an der Leine. Macht er das ständig? Nein, natürlich nicht, er macht das nur, wenn er an der Leine ist. Liegt ihr drinnen gemeinsam auf dem Sofa, ist er ein total gemütlicher, verschmuster Hund. Vermutlich zieht er draußen auch nicht die ganze Zeit, da er vielleicht frei läuft oder an der Leine Schnupperstellen findet, an denen er verweilt.

Zugegeben, die Leinenführigkeit ist ein sehr komplexes Thema, zumindest dann, wenn Hunde schon eine Menge Lernerfahrung mit dem Thema haben. Es gilt genau hinzuschauen, in welchen Situationen er zieht. Wenn ein Hund auftaucht? Auf einem Spaziergang im Wald? Wenn du gemeinsam mit jemand unterwegs bist und dich unterhältst? Gleich wenn es zur Tür rausgeht, um sich schnell einen Überblick verschaffen zu können?

Wenn das klar ist, kannst du festlegen, wo du mit deinem Training einsteigen solltest. Welche Übung brauchst du eventuell noch, um gut in die Leinenführigkeit einsteigen zu können? Braucht es eine Umorientierung, damit du überhaupt die Aufmerksamkeit deines Hundes bekommst? Damit ist gemeint, dass du das momentane Verhalten deines Hundes zunächst auf dich umlenkst, zum Beispiel indem du seinen Namen rufst oder ein anderes Signal gibst, das speziell zum Zweck der Umorientierung aufgebaut wurde.

Oder vielleicht ist es gut, erst einmal Fuß gehen aufzubauen, damit dein Hund eine Vorstellung davon hat, in deiner Nähe zu gehen. Was ist es, was dir und deinem Hund hilft, das Thema „Locker an der Leine gehen“ in Angriff zu nehmen?

Hast du das herausgefunden, wird es leichter, dein Ziel zu erreichen. Bekommst du es geschenkt? Nein, natürlich nicht. Es gilt sich jeden Tag dran zu machen und zu üben. Wenn du ein Musikinstrument erlernen möchtest, lernt sich das auch nicht von alleine. Es braucht den Lernprozess, in dem ihr immer besser werdet und euch immer besser kennen und auch verstehen lernt.

Einen wichtigen Punkt möchte ich hier noch erwähnen: Überprüfe immer wieder, ob *du* vielleicht an der Leine ziehst. Wenn dein Hund ein klein wenig neben dem Wegesrand etwas erschnuppern möchte, ist es ein leichtes für dich, zwei Schritte in seine Richtung zu gehen, damit die Leine nicht auf Zug kommt. Oder spielst du immer wieder mit der Leine, sodass sie mal länger und mal kürzer ist? Jede Bewegung, die du an der Leine verursachst, kommt bei deinem Hund an. Hier ist ein kurzer Perspektivenwechsel sinnvoll. Stell dir vor, du wärst dein Hund und spürst immer wieder Bewegung an deinem Körper. Das ist total unangenehm.

Jede Bewegung, die du an der Leine verursachst, kommt bei deinem Hund an. Hier ist ein kurze Perspektivenwechsel sinnvoll. Stell dir vor, du wärst dein Hund und spürst immer wieder Bewegung an deinem Körper. Das ist total unangenehm.

Eine gute Übung für dich: Erst einmal lernen, die Leine wirklich sehr ruhig zu halten.

Beispiel Rückruf

Auch der Rückruf ist ein sehr komplexes Verhalten, das dein Hund erlernen soll. Er soll seine Impulse unterdrücken und sich auf das konzentrieren, was du von ihm möchtest. Was ist, wenn du dich gerade mit etwas sehr Spannendem beschäftigst, total in die Materie versunken bist und dann kommt jemand und möchte, dass du ihm ungeteilt deine Aufmerksamkeit schenkst? Du wirst nicht begeistert sein und du musst schon sehr verbunden sein mit diesem Menschen, damit du ihm den Gefallen tust.

Bei Hunden wird oft davon ausgegangen, dass es „ihre Pflicht“ wäre, zurückzukommen, wenn sie gerufen werden. Nein, es ist richtig schwierig, sich von etwas Interessantem zu entfernen. Finde heraus, in welchen Kontexten dein Hund gut zurückkommen kann und in welchen es hapert. Dann weißt du, wo du mit dem Training starten solltest.

Deshalb ist es wichtig, den Rückruf wirklich sehr kleinschrittig aufzubauen, sodass dein Hund die Möglichkeit hat, wirklich zu lernen, was es für den Rückruf und somit den funktionierenden Freilauf braucht. Ich belohne gutes Zurückkommen immer. Und wenn ich mit dem Training starte, benutze ich einen Verstärker, der für den Hund ein wirklich guter Verstärker ist. Ich bin gewillt und bereit, gute Argumente für den Rückruf einzusetzen, damit wir entspannt beide frei laufen können. Jeder in seinem Tempo, auch wenn wir immer wieder aufeinander warten.

Beispiel Problemverhalten in Form von Aggression

Aggressionsverhalten liegt mir sehr am Herzen, deshalb möchte ich es hier noch einmal kurz erwähnen. Sollte dein Hund aggressives Verhalten zeigen, kannst du davon ausgehen, dass er Stress hat. Es gibt einen Reiz, der ihn in diesen Zustand versetzt. In einer solchen Situation laut zu werden oder den Hund zu bedrängen, führt dazu, dass sich der Stresspegel im Hund erhöht. Das gilt es zu vermeiden. Sinnvolles Training setzt so an, dass der Stresslevel im Hund gesenkt wird. Dadurch lernt der Hund, sich in einer entsprechenden Situation zu entspannen. Dazu braucht es natürlich einen entspannten Menschen, der das Training sinnvoll und gezielt ausführen kann. Überfordere dich also nicht und achte gut darauf, ob du dich in der Trainingssituation sicher fühlst. Sicherheit ist ein wichtiges Bedürfnis – sorge für dich.

> Sinnvolles Training setzt so an, dass der Stresslevel im Hund gesenkt wird. Dadurch lernt der Hund, sich in einer entsprechenden Situation zu entspannen.

Aus meiner Erfahrung kann ich sagen, dass Aggression deshalb ein eher schwieriges Thema ist, da es viele Menschen einfach „weghaben wollen“. Sie möchten sich nicht damit auseinandersetzen. Was verständlich ist. Doch Aggression umgibt uns immer wieder – täglich sozusagen.

Wir Menschen selbst gehören zu den aggressivsten Säugetieren dieses Planeten. Wir sollten das Thema angehen und nicht davor weglaufen. Es gehört zu unserem Leben einfach mit dazu und es gibt durchaus einige Situationen, in denen wir davon profitieren können, wenn wir das Thema an uns heranlassen und es selbst gezielt anwenden können. Das beziehe ich nicht auf die Ausbildung von Hunden oder dass es im Kontext von Lernverhalten Raum haben sollte. Es dient für mich eher dazu, jemandem eine Grenze aufzeigen zu können, bevor er sie überschreitet. Eigentlich etwas Wunderbares, was wir von Hunden lernen können.

Fokus

Worauf lenkst du deinen Fokus? Die Antwort auf diese Frage ist entscheidend dafür, wie gut und schnell du im Training vorankommst. Lenkst du deine Gedanken auf den Berg, der noch vor dir liegt, das, was an Missgeschicken passiert ist und auf das negative Verhalten deines Hundes? Du hast deinen Fokus also eher auf der dunklen Seite.

Oder schaust du auf eure Erfolge, auf die Zeiten, in denen du richtig viel Spaß mit deinem Hund hast und ihr euch verbunden fühlt? Also auf die lichte Seite?

Die Geschichte vom weißen und schwarzen Wolf verdeutlicht sehr gut, wie wichtig es ist, sich zu entscheiden, worauf du deinen Fokus lenkst.

> Worauf lenkst du deinen Fokus? Die Antwort auf diese Frage ist entscheidend dafür, wie gut und schnell du im Training vorankommst.

Schweigend saßen der Großvater und sein Enkel am Lagerfeuer, sie ließen sich wärmen und blickten in die lodernden Flammen. Sie gehörten dem Stamm der Cherokee-Indianer an. Während er weiter dem Spiel der Flammen zuschaute, fing der Alte an eine Stammesgeschichte zu erzählen. „Ich erzähle dir von den beiden Wölfen, die in jedem von uns Menschen wohnen. Der eine ist weiß. Er ist gutmütig, verbunden mit der Welt, gerecht und friedvoll und für alles Gute in der Welt. Der andere ist schwarz und steht für Angst, Wut, Schuld, Gier also das Schlechte. Beide Wölfe kämpfen in unseren Herzen."

Nach einer kurzen Pause fragte der Enkel: „Ist es nicht ein leichtes für den schwarzen Wolf den weißen zu besiegen, da er sehr gutmütig ist?"

„Denk nach" sagte der Großvater „kannst du einen Bären mit bloßer Hand besiegen, nur weil du wütend bist?" „Nein" antwortete der junge Indianer „das wird mir nicht gelingen. Aber welcher der beiden Wölfe wird den Kampf gewinnen?" Der Alte Cherokee nahm seinen Blick von den Flammen und schaute seinen Enkel direkt an. Er sagte: „Der, den du fütterst."

Im Internet findest du die Geschichte in vielen unterschiedlichen Versionen, alle mit dem gleichen Hintergrund. Bei manchen wird die Geschichte noch weiter erzählt, indem beschrieben wird, dass es gut ist, auch den schwarzen Wolf zu füttern, da er ansonsten anfängt, hinter jeder Ecke zu lauern, um eine Gelegenheit für einen Angriff zu finden. Diese Fortführung der Geschichte gefällt mir auch sehr gut, da es ja beide Wölfe in uns gibt.

Du kannst dich zu jedem Zeitpunkt entscheiden, worauf du deinen Fokus lenken möchtest. Finde zunächst heraus, welchen Fokus du in der Regel wählst, bevor du versuchst, immer „den weißen Wolf" füttern zu wollen. Das führt dich hin zu einer bewussten Entscheidung, wohin du deinen Fokus richten möchtest.

Präsenz

Was macht der Hund, wenn er bei dir anklopft und es ist niemand zuhause? Wo bist du, wenn du mit deinem Hund unterwegs bist und „nicht zuhause" bist? Daddelst du am Handy oder telefonierst? Bist du irgendwo in der Vergangenheit oder vielleicht in der Zukunft? Alles ist möglich. Solange du mit deinem Hund einfach nur spazierengehst und er seine eigene Welt kreieren kann, ist das vielleicht noch in Teilen in Ordnung. Spätestens, wenn du etwas von deinem Hund möchtest, solltest du aber im Hier und Jetzt ankommen. Allerdings kann es sein, dass dein Hund vorher schon bei dir angefragt hat, ob du auch für ihn da bist, und da er keine Rückmeldung bekommen hat, ist er nicht mehr auf Empfang in deine Richtung. Es ist also nicht verwunderlich, wenn er nicht reagiert, wenn du etwas von ihm möchtest.

Im Training finde ich wichtig, dass Hunde lernen, immer mit einem Teil ihrer Aufmerksamkeit auf Empfang zu bleiben.

Im Training finde ich wichtig, dass Hunde lernen, immer mit einem Teil ihrer Aufmerksamkeit auf Empfang zu bleiben. Wenn wir das vom Hund erwarten, sollten wir ebenfalls die Bereitschaft haben, genau dieses Maß an Empfang zur Verfügung zu stellen.

Ich hatte mal eine Kundin, die ihren Hund freiließ, obwohl ich der Meinung war, dass das eine schlechte Idee war, da die Hündin schon an der Leine keinerlei Aufmerksamkeit für uns hatte. Schwups, war sie auch weg. „Aha"! Ich wurde nervös, die Frau blieb total ruhig. Ich fragte: „Und was machen wir jetzt?" Antwort: „In ein paar Minuten ist sie wieder da." In der Zwischenzeit beschäftigte sie sich mit ihren beiden Kindern, die auch mit dabei waren. Ich startete nochmal einen Versuch, zu der Frau durchzudringen: „Das kannst du so nicht machen. Wir wissen doch gar nicht, wo deine Hündin ist." Fehlanzeige! Die Antwort war: „Sie braucht schließlich Freilauf, ich mache das immer so." Davon war sie nicht abzubringen. Somit war das dann unsere erste und gleichzeitig letzte Stunde, die wir zusammen verbracht haben. Das hat nichts mit Präsenz zu tun, wenn jeder das macht, was er möchte. Ganz zu schweigen von der Verantwortung, die man als Hundehalter nunmal hat.

Perfektion

Bloß keinen Fehler machen – von Anfang alles richtig machen. Das höre ich immer und immer wieder. An der Stelle wiederhole ich mich gerne noch einmal. Es soll von Anfang an alles perfekt sein. Am besten kann der Welpe im zarten Alter von fünf oder sechs Monaten schon alles *perfekt*. Vor allem Hundeneulinge sind sich sicher, dass das möglich ist und sie das schaffen können, wenn sie nur genügend Zeit investieren. Unterschiedliche Entwicklungsphasen sind den Menschen zwar bekannt, spielen allerdings nicht weiter eine Rolle, da man ja von Anfang an alles richtig macht.

Hoffen wir mal, dass diese Menschen eine hohe Frustrationstoleranz haben. Die Wahrscheinlichkeit, dass das gemeinsame Leben mit ihrem Hund genau so läuft, geht gegen Null. Aus meiner Praxis kann ich sagen, dass es sehr wertvoll ist, den Prozess mitzugehen und nicht ständig Überzeugungsarbeit leisten zu wollen. Die Perfektion löst sich von ganz alleine auf, wenn deutlich wird, dass die Erziehung des Hundes einfach Zeit braucht. Es passieren in der Erziehung Fehler, die sich oft unbeabsichtigt einschleichen und die völlig normal sind. An manchen Stellen sind sie sogar richtiggehend erwünscht, damit der Lernprozess beschleunigt wird und man schneller zum Ziel kommt.

Training muss nicht perfekt sein, sondern passend. Für genau dich und deinen Hund!

Von dem Begriff Perfektion können wir uns also getrost verabschieden. Für den einen ist es perfekt, wenn sich der Hund setzt, wenn er es drei Mal sagt, sich zu ihm herunterbeugt und noch ein Sichtzeichen gibt. Der Hund kann für diesen Menschen ein wunderbares Sitz. Für jemand anders ist „Sitz“ dann perfekt, wenn der Hund sich auf das erste Signal hin setzt und keine weiteren Hilfen notwendig sind. Dazwischen gibt es natürlich eine ganz Bandbreite von Abstufungen. Wer entscheidet nun, welches Sitz wirklich perfekt ist? Meine Lösung: Training muss nicht perfekt sein, sondern passend. Für genau dich und deinen Hund!

Du trainierst eine Übung so weit, wie du es für richtig hältst. Damit ist alles wunderbar. Falls der Rückruf in manchen Situationen nicht wirklich klappt, ist die Leine eine wunderbare Lösung.

Eine kleine Einschränkung habe ich vielleicht an der Stelle. Jemand anders sollte durch deinen Hund nicht eingeschränkt werden. Vor allem im Freilauf führt das immer wieder zu kontroversen Diskussionen. Freilauf bedeutet Freiheit! Deine Freiheit endet da, wo meine eingeschränkt wird. Im Leben mit Hund sollte man sich über Werte Gedanken machen, wie schon erwähnt. Respekt ist für mich immer wieder wichtig und erleichtert das Miteinander ungemein.

Freilauf bedeutet Freiheit! Deine Freiheit endet da, wo meine eingeschränkt wird.

Die Gefahr, in der Trainingstechnik steckenzubleiben

Menschen lieben es, wenn etwas formal ist und sie sich genau daran halten können. Das wünschen sich viele auch für das Hundetraining. Das Gute ist, es gibt Trainingspläne, die für die einzelnen Übungen aufgestellt werden können, was sehr sinnvoll ist. Doch diese Pläne haben ein Eigenleben. Sie leben davon, dass sie immer wieder auf das Lernverhalten des Hundes und den Kontext, in dem gerade geübt wird, angepasst werden. Das heißt: Training ist auf der einen Seite formal und dann eben wieder doch nicht, weil es immer Flexibilität und manchmal auch große Kreativität braucht.

Trainingstechnik ist gut und hilft uns, im Training gut und oft auch schnell voranzukommen. Doch je komplexer das Thema wird, desto höher ist die Wahrscheinlichkeit, dass sie einfach nicht ausreicht. Vielleicht wird deine eigene Rolle größer, die du beim Üben spielst – also ob du ruhig und entspannt bleiben kannst. Oder der Kontext ist schwierig und sehr herausfordernd sowohl für dich als auch für deinen Hund. Wobei es völlig ausreicht, wenn es für einen von euch herausfordernd ist. Das ist vielen Hundehaltern überhaupt nicht klar. Sie wollen eher formale Lösungen und nicht welche, die auch noch vom Kontext abhängen. Wenn du dann in der Trainingstechnik steckenbleibst, also formal, nach vorgegebenem Plan, weiterarbeiten möchtest, kann es passieren, dass du anstelle von Fortschritten eher Rückschritte machst oder auf der Stelle stehenbleibst und nicht mehr weiterkommst. Eure Frustrationstoleranz wird auf eine harte Probe gestellt. Wie schon gesagt, es gibt nicht den Standardhund, mit dem die Übungen immer genau nach Plan funktionieren. Mach einfach eine Pause und überprüfe, ob du dich wirklich im Trainingskontext sicher fühlst. Das ist der erste Schritt. Danach ist wichtig zu schauen, ob das Bedürfnis nach Sicherheit auch bei deinem Hund erfüllt ist.

> Wenn du in der Trainingstechnik steckenbleibst, kann es passieren, dass du anstelle von Fortschritten eher Rückschritte machst.

Was bringt euch gemeinsam schnell wieder in Selbstwirksamkeit? Eine leichte Übung, die deinem Hund Spaß macht und die er wirklich gut kann. Ein ausgelassenes Spiel, das euch auf andere Gedanken bringt. Was auch immer euch davor bewahrt, frustriert zu sein, ist gut. Manchmal hilft es, ein paar Tage mit der Übung zu pausieren, damit sich das bisher Gelernte setzen kann und siehe da, ein paar Tage später geht die Lernkurve wieder aufwärts. Leben und auch Lernen funktioniert nicht linear, sondern in Kurven und manchmal gibt es einfach auch Rückschritte oder Stagnation. Das ist nicht schlimm, das ist das Leben. Entspannt bleiben und nicht verbissen versuchen das Ziel zu erreichen bringt dich am schnellsten vorwärts.

So wie ein Wanderweg. Der verläuft auch nicht auf dem kürzesten Weg, sondern wir müssen Umwege gehen. Und es kann sein, dass wir uns auch mal verlaufen und wieder an einem Punkt rauskommen, an dem wir schon waren. Das könnte auch eine Kurve im Leben sein.

Humor

Eine meiner Lieblingsstrategien, wenn ich im Training mit Godiva gerade nicht weiterkomme, ist es, etwas Humorvolles zu unternehmen. Es kann sein, dass ich mich auf den Boden lege und Godiva kann auf meinen Rücken liegen. Das macht riesig Spaß und ist gleichzeitig eine wohltuende Rückenmassage mit Funfaktor.

In meiner Praxis spielt mein Humor eine sehr große Rolle. Ernste Dinge oder wenn die Übung eines Kunden mit dem eigenen Hund gerade nicht klappt mit einem Augenzwinkern zu sehen bringt immer wieder Entspannung in den Lern- und Arbeitsprozess. Es erfordert oft ein gutes Maß an Empathie, damit ich keine Grenzen übertrete oder sich jemand belächelt fühlt. Es geht also nicht darum, einen Witz nach dem anderen zu reißen, sondern feinfühlig mit dem jeweiligen Gemütszustand des Gegenübers umzugehen.

Es ist so wichtig, nicht alles allzu ernst nehmen zu wollen..

Manchmal ist es wichtig, einfach nur zuzuhören, sodass sich mein Gegenüber gehört und gesehen fühlt. Darauf einzugehen, das Gehörte ernst zu nehmen, reicht oft schon aus, damit sich die angestaute Anspannung im Menschen lösen kann. Mit dieser Anspannung könnte der Mensch nicht weiter trainieren, da sich die Emotion auf den Hund übertragen würde. Erst wieder entspannen und dann ins Training zurückkehren.

Solltest du dich dabei ertappen, dass dein Hund ein Verhalten zeigt, das zwar stimmt, aber noch immer eine Bewegung dabei ist, die eigentlich nicht dazugehört und du realisierst plötzlich, dass du das Verhalten die ganze Zeit genauso belohnt hast, dann ist das ein wunderbarer Zeitpunkt, um über dich selbst zu lachen. Wie lange hast du gebraucht, bis du festgestellt hast, dass du den Fehler selbst mit in die Übung eingebaut hast?

Ich habe mit Godiva trainiert, dass sie geradeaus auf ein Bodentarget läuft. Dort sollte sie stehenbleiben und weiter geradeaus schauen. Das war eine Vorübung fürs Skateboardfahren. Irgendwann habe ich bemerkt, dass sie den Kopf immer weiter herunternahm. Wie blöd, was sollte denn das?

Dann habe ich mich beobachtet: Sie hat jedes Mal den Kopf heruntergenommen, aber geradeaus geschaut. Ich hatte genau dieses Verhalten fleißig immer belohnt. Ich musste wirklich sehr über mich lachen und habe danach das Training so umgestellt, dass sie den Kopf nicht mehr heruntergenommen hat.

Es ist so wichtig, nicht alles allzu ernst nehmen zu wollen. Das Leben konfrontiert uns mit genügend herausfordernden Dingen, genießen wir das Leben und auch das Training mit unseren Hunden mit Humor!

Tricktraining

Ich arbeite am allerliebsten mit Tricks, um die Selbstwirksamkeit sowohl von Mensch als auch von Hund zu stärken. Ich kann sie immer und überall trainieren, brauche keine große Ausstattung und kein bestimmtes oder sogar eingezäuntes Gelände und schlussendlich brauche ich niemanden, mit dem ich mich abspreche, weil ich alleine nicht trainieren kann. Zudem gibt es unterschiedliche Schwierigkeitsstufen. Man kann ganz einfach starten und hat sofort Erfolg. Jeden Trick kann ich so weit in die Tiefe arbeiten, wie es für mich passend ist – du erinnerst dich: Training muss nicht perfekt sein, sondern passend. Viele Vorteile, die für mich wichtig sind.

Godiva konnte am Anfang gar nichts und wir hatten noch überhaupt keine Bindung, deshalb fing ich damit an, ihr Futter zu werfen, sodass sie es fangen konnte. Weil sie sofort zeigte, dass ihr das Spaß machte, gab es auf jedem Spaziergang eine Runde Futterwerfen und sie wurde immer besser im Fangen. Mein Gefühl sagte mir damals, dass mehr bei ihr gerade nicht drin war, da sie das Mehr überfordern würde. Das war unser erster „Trick".

Mein Gefühl sagte mir damals, dass mehr bei ihr gerade nicht drin war, da sie das Mehr überfordern würde.

Tricktraining ist einfach, du brauchst erst einmal keine Utensilien und du kannst es drinnen und draußen machen. Dass sich der Hund einmal um die eigene Achse dreht oder einen Diener zeigt, hast du schnell aufgebaut und du kannst dich einfach mal dran ausprobieren. Diese Tricks kannst du gut über Locken aufbauen. Locken heißt, du hast Futter in der Hand und lockst den Hund in die Position, in der du ihn haben möchtest. Hat er es gut gemacht, bekommt er das Futter. Darüber kannst du schon sehr viel erreichen und damit würde ich in das Thema Tricktraining einsteigen. Mit etwas Einfachem! Einfach ist auch Pfote geben, aber das würde ich als Einstieg nicht empfehlen, da du ansonsten sehr häufig – unaufgefordert – die Pfote deines Hundes bekommen wirst. Bau diesen Trick lieber zu einem späteren Zeitpunkt auf, wenn dein Hund schon einige Tricks kann.

Noch interessanter wird es, wenn du dich mit der Methodik des Freien Formens beschäftigst. Hier zerlegst du die Übung in ganz viele kleine Schritte und dein Hund soll zu großen Teilen selbst herausfinden, was er lernen soll. Er wird belohnt, wenn er das gewünschte Verhalten zeigt und wenn er dieses Verhalten nicht zeigt, bekommt er keine Futterbelohnung. Das Training sollte nun so aufgebaut sein, dass dein Hund möglichst viele Futterbelohnungen erhält. Bekommt er häufig kein Futter, wird er frustriert sein und die Mitarbeit aufkündigen oder er wird nervös oder unsicher, das gilt es zu vermeiden. Für dich ist das eine gute Möglichkeit, dein Timing zu verbessern.

Bei dieser Methodik lernt ihr euch sehr gut kennen und könnt bei richtiger Anwendung beide sehr viel Selbstwirksamkeit erarbeiten. Du lernst die richtigen Trainingsschritte für deinen Hund und dein Hund lernt, dass sein Verhalten richtig ist. Bei Hunden mit Aggressionsproblematik arbeite ich sehr gerne mit Tricktraining. Solche Hunde haben oft recht viel Erfahrung damit, dass ihr Verhalten falsch ist. Wir erarbeiten uns also zunächst ganz viele Situationen, in denen der Hund Erfolg hat. Das sorgt im Hund und auch in dir für eine viel entspanntere und freudvollere Grundstimmung. Er macht die Erfahrung, dass er richtiges Verhalten zeigen kann. Das ist super!

Apportieren gehört für mich in den weiten Bereich des Tricktrainings. Es öffnet eine weite Welt, was du gemeinsam mit deinem Hund machen kannst– sowohl auf dem Spaziergang als auch zuhause.

Es gibt natürlich noch weit mehr Beschäftigungsmöglichkeiten für dich und deinen Hund, in dem ihr Resilienz bei euch beiden fördern könnt. Such dir das, was zu dir und zu deinem Hund passt. Wichtig ist, dass es euch beiden Spaß macht.

„Das Leben ist kein Problem, das es zu lösen, sondern eine Wirklichkeit, die es zu erfahren gilt.“

Buddha

Teil III

Euer Leben in Leichtigkeit

Herzlich Willkommen, du bist im dritten Teil angekommen. Bisher ging es viel darum, genau hinzuschauen, was passiert und zu spüren, was die jeweiligen Bedürfnisse sind.

Jetzt kommen wir zu einem weitaus spielerischen Teil, der dich näher heranführt, was deine eigenen Ressourcen sind und welche dein Hund mit in euer Team einbringt. Es könnte sein, dass selbst aus einem unerwünschten Verhalten eine Ressource hervorgeht, die in bestimmten Situationen sehr hilfreich sein kann. Jetzt wird es wichtig, dass du dich einlassen kannst und erforschen möchtest, was in dir und auch in deinem Hund schlummert und noch nicht vollständig entdeckt ist.

Je besser du deine eigenen Ressourcen und auch die deines Hundes kennst, desto mehr Resilienz kann entstehen. Schlussendlich führt das dazu, dass du sowohl dich in einer schwierigen Situation besser regulieren kannst als auch deinen Hund in Form von Co-Regulation schnell wieder in einen entspannten Zustand bringen kannst. Resilienz steht für das Vertrauen, das du in dich hast, dass du eine Herausforderung gut meistern kannst. Sie steht in enger Verbindung mit Selbstwirksamkeit.

> Je besser du deine eigenen Ressourcen und auch die deines Hundes kennst, desto mehr Resilienz kann entstehen.

Schlussendlich steigst du wirklich in die Welt aus Sicht deines Hundes mit all deinen Sinnen ein. Ich nehme dich mit in eine körperliche, geistige und emotionale Erfahrung, wie es deinem Hund geht.

Bist du gespannt? Ich freue mich, wenn du dich auf die nächsten Seiten und meine spielerische Herangehensweise einlässt.

„Ein Spiel zu spielen bedeutet, aus freien Stücken zu versuchen, unnötige Hindernisse zu überwinden.“

Bernard Suits

Perspektivenwechsel in die Welt aus Sicht deines Hundes

Mein Bestreben ist es, Hundeerziehung so einfach wie nur möglich zu gestalten. Mit Hundeerziehung meine ich, dass du deinen Alltag mit deinem Hund richtig gut, entspannt und leidenschaftlich leben kannst. Solltest du eine kleine oder auch größere Herausforderung mit deinem Hund haben, so ist diese bei weitem nicht so schwierig zu beheben, wie du vielleicht denkst. Die Voraussetzung ist, dass du deinen Hund wirklich verstehen und die Welt tatsächlich aus seiner Sicht betrachten möchtest – also seine Perspektive einnimmst.

Das kannst du sehr ernsthaft betreiben und dir viel Wissen aneignen, mit deinem Hund trainieren, trainieren und trainieren. Oder du kannst es ganz spielerisch annähern. Das braucht ein wenig Mut, um dich auf etwas Neues einzulassen. Vielleicht auch auf etwas ganz Neues. Ich lade dich herzlich dazu ein – es lohnt sich.

Es hat damit zu tun, dass dein Hund wirklich gehört und gesehen wird. Und zwar so, dass du deine Vorstellungen und Erwartungen zunächst außen vorlässt, um dich auf den Prozess einlassen zu können. Davon hatte ich schon geschrieben, es geht darum, deinen Geist zu leeren s. S. 110. Doch bevor ich allzu theoretisch werde, erzähle ich, wie ich zu dieser Methodik kam.

Mit Hundeerziehung meine ich, dass du deinen Alltag mit deinem Hund richtig gut, entspannt und leidenschaftlich leben kannst.

Als ich die Sau gespielt habe

Ich war auf der Suche nach einer Fortbildung in Sachen Hund, die mich ansprach. Vieles, was ich fand, war sehr trainingsorientiert, das wollte ich nicht. Es sollte etwas sein, was die Menschen spielerisch abholt und mitnimmt. Ich selbst liebe es, zu spielen, neue Dinge auszuprobieren und dazuzulernen. Auch Fortbildungen in Richtung Verhalten von Hunden war nicht das, was mich emotional ansprach. Es war echt zum Verzweifeln, da ich auch nicht wirklich sagen konnte, was genau es denn war, was ich wollte.

Ich überlegte schon, in Sachen Theaterpädagogik weiterzumachen und eine weitere Aus- oder Fortbildung zu suchen. Eine Ausbildung zur Theaterpädagogin hatte ich vor vielen Jahre schon absolviert und war völlig begeistert von den Möglichkeiten, die sich darin boten und noch immer bieten. Doch mir war klar, dass Hundebesitzer nicht wirklich in die Richtung Theaterspielen gehen wollten, wenn es um das Alltagstraining mit ihrem Hund ging oder wenn sich ein unerwünschtes Verhalten beim Hund etabliert hatte.

Falls du doch ein wenig „Theaterluft“ schnuppern möchtest, kannst du hier einen kleinen Sketch „Burn out beim Hund“ aus meinem Buch „Theater spielen mit dem Hund“ nachlesen, den ich mit Fitz gespielt habe.

Durch Zufall unterhielt ich mich mit jemandem, der eine Ausbildung in Kinderpsychodrama machen wollte. Das ist eine Therapieform für Kinder. Ich wurde sehr hellhörig und mich faszinierte, was ich zu der Ausbildung hörte. Es gab in naher Zukunft ein Schnupperwochenende und ich entschied mich spontan, mich anzumelden.

Kurz vor dem Wochenende wurde mir etwas mulmig, da mir plötzlich klar wurde, dass ich die absolute Exotin sein würde. Die Ausbildung war für Therapeuten und Sozialpädagogen, da passte ich so gar nicht rein. Doch angemeldet war angemeldet.

Kurz und gut, das Wochenende war klasse und mir war klar, dass ich genau das lernen und so modifizieren wollte, dass es für das Hundetraining anwendbar war.

Doch eins nach dem anderen. Uns wurde die Methode erklärt und ich war entzückt über all das, was mir begegnete. Mit den Kindern zwischen vier und sechs Jahren wird gespielt. Die Spielszenen sehen so aus, dass eine Geschichte auf dem Bauernhof frei gespielt wird. Die Kinder dürfen wählen, welches Tier sie spielen möchten. Ja, genau, die Kinder spielen nicht sich selbst auf dem Bauernhof, sondern sie spielen ein Tier, das dort zuhause ist. So hat ein zurückhaltendes Kind die Möglichkeit, eine Katze zu spielen, die sich das Treiben aus einem Versteck heraus ansieht oder ein recht extrovertiertes Kind kann den Hofhund spielen, der überall aufpasst, und für Ordnung sorgt, wenn jemand Fremdes kommt.

Die Kinder finden also ihre Spielrollen in den Tieren, die ihnen entsprechen. Sie werden auch gefragt, was das Tier besonders gut kann. Geleitet wird das Spiel von den Bauern, im besten Fall einem Bauern und einer Bäuerin. Für die Kinder ist das gut, da sie so die Identifizierung mit beiden Elternteilen haben können. Für meine Anpassung auf das Hundetraining war das nicht wichtig, da das keine Rolle spielt. Doch dazu später mehr.

Neben dem Vermitteln des theoretischen Hintergrunds spielten wir selbst einige Szenen durch, in dem wir erwachsenen Teilnehmen in die Rollen von Kindern schlüpften und uns Tiere aussuchten. Die Aufgabe war eigentlich, Kinder zu nehmen, die als Klienten bei den Teilnehmern waren. Tja, das fehlte mir komplett, also nahm ich mich selbst als fünfjähriges Kind. Da hatte ich zwar nicht den Abstand, konnte jedoch eine für mich weitreichende Erfahrung machen.

Die Aufgabe für die Spielleiter (Bauer und Bäuerin) bestand darin alles, was die Kinder zeigten, positiv zu bewerten. Falls etwas gar nicht positiv zu bewerten war, blieb es einfach unkommentiert. Das hört sich einfach an, wenn man in positiver Verstärkung im Hundetraining geübt ist. Doch hier habe ich noch einmal etwas völlig Neues erfahren.

Wir waren sechs Kinder, die in der Szene spielen durften. Die Ausbilder waren Bauer und Bäuerin. Es gab ein Pferd, eine Katze, einen Hund (alle waren davon ausgegangen, dass ich einen Hund spielen wollte – nein, wollte ich nicht), eine Ente, einen Esel – und ich suchte mir die Sau für mich aus.

Es musste unbedingt eine Sau sein – kein Schwein, nein eine richtige Sau und das habe ich dann in vollen Zügen genossen. Die Sau hatte einen Megaspaß. Sie schubberte sich an dem Pferd oder am Zaunpfahl, da das Pferd einfach wegging, wenn es ihm zu viel war. Sie schmiss sich in die Wasserkuhle von einer Seite auf die andere. Die Sau hatte einfach richtig Spaß. Eigentlich genügte sie sich selbst in ihrem Tun. Doch da war auch die Katze, die sich gar nicht aus ihrem Versteck traute und alles aus sicherer Entfernung ansah. Die Ente, die in Ruhe auf ihrem Teich schwimmen wollte und das Pferd, das glücklich war, dass es einen Stall hatte und sich zurückziehen konnte, wenn es das wollte. Der Esel war frei auf der Wiese und ging mal hier und mal dorthin und der Hund hatte ein wachsames Auge auf das ganze Geschehen. Ich kürze nun etwas ab.

Der Bauer fand die Sau einfach klasse. Er lobte immer wieder, wie toll die Sau Spaß hatte und ging zu ihr hin. Sie schubberte sich auch an dem Bauern und fand den Kontakt klasse. Der Bauer kam mit einem Wasserschlauch, spritzte die Sau ab und schubberte sie noch mit einer Bürste. Die Sau genoss alles mit absoluter Lust. Doch das war noch nicht genug. Die Bauern fanden die Sau so klasse und so schön, dass die Sau an einer Preisverleihung teilnehmen sollte. Dort machte die Sau den ersten Preis und es kam die Presse, die einen Bericht über diese tolle Sau schrieb.

Die Sau hatte einfach richtig Spaß. Eigentlich genügte sie sich selbst in ihrem Tun.

Das hört sich jetzt so an, als hätten die anderen Tiere wenig Aufmerksamkeit bekommen, doch dem war nicht so. Am Ende waren alle zufrieden mit der Aufmerksamkeit, die sie bekommen hatten.

Meine Erfahrung aus diesem Spiel:

Wenn ich mich als Kind sehe, war ich immer etwas zu viel für meine Eltern und auch meine Umwelt. Deshalb hatte ich ständig das Gefühl, dass ich mich regulieren und meine Energie drosseln musste. Ansonsten gab es immer Ärger und ich dachte, mit mir stimmt was nicht, ich bin falsch, so wie ich bin.

Dieses Spiel war meine erste positive Erfahrung, wie es ist, wenn ich meine Energie voll rauslasse und die Lust, die sich dadurch in mir entwickelt, nicht bremse. Vielleicht denkst du jetzt, das mit dem Preis und der Presse ist aber dick aufgetragen. Ja, das ist es. Doch es war genau das, was ich gebraucht habe. Denn alles andere war für mich normal. Es ging mir gut, ich hatte Spaß und durfte tun, zu was ich Lust hatte. Dabei war ich zufrieden. Doch um mir bewusst zu machen, wie wertvoll diese Ressource in mir ist, brauchte es genau diesen Preis und auch die Presse. Ich fühlte mich gesehen und gehört, war nicht zu viel, sondern wurde noch mehr gelobt und es entstand daraus noch mehr Positives. Ich war überwältigt und glücklich über diese Erfahrung. Ich hatte ja nicht darum gebeten, sondern es wurde von den Spielleiterin so entschieden.

Mir wurde klar, dass ich mich nicht traute, völlig aus mir herauszugehen, da ich damit immer wieder Probleme bekam und korrigiert wurde. Genau so läuft es ganz häufig mit Hunden, die ein unerwünschtes Verhalten zeigen. Auch da ist es wichtig, mal wirklich hinzuschauen, was der Hund denn genau braucht und wie der dazugehörige Mensch ihm exakt das geben kann. In meinem Fall wurde mir klar, dass es nicht hilfreich war, mich immer wieder darauf aufmerksam zu machen, dass ich mich falsch verhalten habe, sondern ich hätte einen Fahrplan gebraucht, wie ich mich ansonsten verhalten hätte können – und zwar so, dass es zu mir gepasst hätte.

Ich hoffe, ich kann dich ein wenig mitnehmen, wie wichtig diese Erfahrung für mich war. Ich wünsche allen Hunden dieser Welt, dass sie genau in dieser Art und Weise gesehen und gehört werden können. Wobei nein, das ist nur ein Teil der Wahrheit – ich wünsche allen Wesen, dass sie gehört und gesehen werden. Also auch den Menschen.

Doch schauen wir mal, was denn genau passiert ist, als ich die Sau gespielt habe.

Übrigens: Von einem der Teilnehmer des Schnupperwochenendes habe ich später erfahren, dass die Rückmeldung einer Teilnehmerin an ihn war, dass ich sehr übertrieben hätte. Der Frau war ich offensichtlich zu viel. Das spielte für mich jedoch keine Rolle, ich war dankbar für diese Erfahrung. Schön hätte ich gefunden, wenn sie das in der Gruppe thematisiert hätte, das wäre sicher hilfreich für mehrere gewesen. So blieb es eine Aussage „hinter meinem Rücken“.

Thema externalisieren

Als ich mir die Sau ausgesucht habe, war mir überhaupt nicht klar, was ich damit lostreten würde. Ich ließ die Aufgabe, dass wir uns ein Tier aussuchen sollten, auf mich wirken und da war sie, die Sau. Das war Intuition, für die ich dankbar bin und auf die ich mich verlassen habe.

Ich wusste da auch nicht, wieso es mir so wichtig war, dass es eine Sau sein musste. Ich hätte es nicht Schwein nennen wollen, das hätte aus meiner Sicht nicht gepasst. Das wurde mir erst im Nachhinein klar. Leben können wir eben immer erst rückwärts verstehen.

Was ich sofort bemerkte, sobald ich mich für die Sau entschieden hatte, war, dass sich dieses lustvolle Gefühl, eine Sau zu sein, in meinem ganzen Körper ausbreitete. Vorsichtig ausgedrückt würde ich schreiben: Ein sehr schönes Gefühl, aber eigentlich war es einfach nur geil!

Die Sau ermöglichte mir, mich von außen zu betrachten. Ich war nicht Susanne, die sich immer zurücknehmen muss, weil sie schnell zu viel ist. Die sich in einer Gruppe eher zurückzieht, weil sie auf keinen Fall negativ auffallen möchte.

Außer wenn ich auf der Bühne stehe, dann mache ich das alles. In den Zeiten, in denen ich Theater gespielt habe, ging das immer, wenn ich Seminare halte, geht das auch. Die Erlaubnis gab es also immer nur dann, wenn ich wirklich eine Bühne hatte, die von außen auch als solche anerkannt war. Und das ist auch heute noch oft so – zum Glück ist es mir heute wesentlich bewusster, als es das früher war.

Ich war die Sau, die sich wie eine Sau verhalten durfte. Genau das war es, was ich auf das Hundetraining übertragen wollte. Themen, die Menschen mit ihrem Hund belasten, nach außen zu verlegen und sie von da aus zu betrachten. Der erste Stein für meine Methode war gelegt – genial.

Es ist nicht wichtig zu verstehen, was genau passiert, sondern es ist wichtig zu empfinden, wie gut es tut, wenn du dir deiner Bedürfnisse und auch deiner Ressourcen endlich bewusst wirst und mit Leichtigkeit begegnen darfst.

Es war eine kleine Herausforderung, diese Methode für das Hundetraining zu modifizieren. Inzwischen wende ich sie immer wieder an, genau dann, wenn mir meine Intuition sagt, dass meine Kunden dafür offen sind. Mit immer wieder verblüffenden Erfolgen. Training wird nebensächlich

> Es gibt kein festes Muster, nach dem ich arbeite. Intuition ist das Zauberwort an dieser Stelle.

und Probleme, die zuvor noch riesig erschienen waren, lösen sich nahezu in Luft auf.

In welcher Form ich die Themen, die bei dem jeweiligen Mensch-Hund-Team anstehen, externalisiere und mit ihnen in diese Methode einsteige, entscheide ich immer spontan. Es gibt kein festes Muster, nach dem ich arbeite. Intuition ist das Zauberwort an dieser Stelle. Je mehr Menschen sich wieder darauf besinnen, dass sie sich sehr wohl auf ihre Intuition verlassen können, desto einfacher wird das Leben.

Ich hatte einmal mit einer Frau gearbeitet, deren alter Hund verstorben war und die sehr darunter litt, dass sie keinen Hund mehr hatte. Sie war der festen Überzeugung, dass es für sie erst wieder möglich sein würde, einen Hund bei sich aufzunehmen, wenn sie in Rente ginge. Sie wusste nicht, wo sie den Hund lassen könnte, wenn sie wieder einen bei sich einziehen lassen würde. Die Tagesbetreuung ihrer alten Hündin hatte ihre Mutter übernommen, doch das war bei einer jungen Hündin nicht mehr möglich.

Wir schufen also gedanklich eine andere Welt, die Welt ihres neuen Hundes, den wir einfach „Hundi“ nannten. Natürlich spielte auch sie eine Rolle in dieser Welt. In dieser neu kreierten Welt war alles möglich und es gab zunächst keine Einschränkung. Und obwohl sie sich schwertat, ihre Gedanken in diesem Spiel außen vor zu lassen, gelang es ihr am Ende, ein klares Bild zu haben, wie ihr Leben mit Hund aussehen wird. Kurze Zeit später hatte sie wieder einen Hund und der Alltag funktioniert ganz wunderbar.

Das ist immer wieder eine Herausforderung: Meine Kunden mitzunehmen, wenn der Kopf so sehr wissen möchte, was gerade passiert, was die nächste richtige Handlung ist, welches die richtigen Worte. Es gibt kein Richtig oder Falsch und vielleicht ist das der erste Schritt, den es zu lernen gilt. Fehler sind erlaubt, wenn es überhaupt ein Fehler war. Sich darin auszuprobieren, loszulassen von jeglichen Gedanken, ob wir gerade etwas richtig oder falsch machen oder was gerade von uns erwartet wird. Damit kommen wir am schnellsten vorwärts. Doch nach meiner Erfahrung ist das ein Weg, der erst einmal gegangen werden möchte. Ich lade dich herzlich dazu ein, dich mit mir gemeinsam auf den Weg zu machen.

Übung

Du kannst das selbst einmal ausprobieren. Verabrede dich mit einem dir nahestehenden Menschen, von dem du sicher weißt, dass er dir gegenüber eine wohlwollende Haltung hat. Nimm ein einfarbiges Stück Stoff, das groß genug ist, um den größten Teil deines Tisches abzudecken und besorge dir ein paar farbige Klötzchen oder einige kleinere Gegenstände, die gut stehen bleiben und sich gut bewegen lassen.

Dann such dir ein leichtes Thema mit deinem Hund aus. Nehmen wir zum Beispiel an, du möchtest, dass sich dein Hund schneller hinsetzt, als er dies im Moment tut. Nimm wirklich ein ganz einfaches Thema, um auszuprobieren, was du erlebst, wenn du dieses Thema nach außen verlagerst und von dort betrachten kannst.

Nun nimmst du ein Klötzchen oder einen anderen Gegenstand für deinen Hund und eins für dich. Der Mensch, der dich in die Welt deines Hundes begleitet, sucht sich auch ein Klötzchen oder einen Gegenstand aus. Nach und nach begebt ihr euch in die „Welt deines Hundes". Der Hund betritt seine Welt natürlich zuerst. Du hast deine Hand an deinem Hund (also dem Gegenstand, der deinen Hund darstellt) und sprichst für ihn. Wie gefällt ihm seine Welt, wie bewegt er sich, welche Gerüche gibt es? Dann kommst du (dazu nimmst du den Gegenstand in die Hand, den du für dich ausgesucht hast). Wie gefällt dir die Welt, was kommunizierst du mit deinem Hund und was kommuniziert dein Hund mit dir? Deine Hand ist immer an dem Gegenstand, aus dessen Perspektive du sprichst.

Dann kommt der zweite Mensch mit dazu. Auch der begrüßt euch beide. Wie findet die Begrüßung statt? Diese Person hat ihre Hand an ihrem Gegenstand. Ihr schaut immer auf den Gegenstand, der das Lebewesen symbolisiert, mit dem ihr gerade sprecht. Das hält euch wesentlich mehr in der Welt des Hundes, als wenn ihr euch gegenseitig direkt anschauen würdet.

Da es die Welt des Hundes ist, darf er alles bestimmen, was mit ihm zu tun hat. Natürlich ist er nicht an der Leine und kann laufen, wie er möchte.

Deine begleitende Person ist praktisch ein Zaungast bei dem ganzen Geschehen. Sie steht eher am Rand und schaut zu – kann aber auch immer mal was nachfragen. Wenn der Hund absolut möchte, dass sie näherkommt, kann sie auch näher herankommen. Dein Hund hat also eine tolle Zeit in seiner Welt und genießt sie in vollen Zügen. Ihr kommuniziert miteinander

ander, und wenn dir der Sinn danach steht, kannst du ja mal dein Thema einbringen und einfach „Sitz“ zu deinem Hund sagen, wenn er in deiner Nähe ist. Bestimmt bekommst du eine Antwort von ihm. Dabei sprichst du immer aus beiden Perspektiven und deine Hand ist an dem „Gegenstand“, der gerade spricht. Vielleicht ist die Antwort deines Hundes: „Habe gerade keine Zeit“ oder „Hier fühlt sich der Untergrund gerade nicht gut an“ oder „Wann sagst du das Wort zum fünften Mal und auch etwas lauter, damit ich weiß, was ich tun soll“ oder was auch immer auftaucht. Alles ist richtig. Es kann auch sein, dass sich dein Hund sofort setzt, dann kannst du ihn fragen, was dazu geführt hat, dass das so schnell ging.

Der Zaungast kann etwas dazu sagen, wenn er möchte.

Hier gibt es kein Richtig und kein Falsch. Alles ist gut. Je besser du dich auf dieses Spiel einlassen kannst, desto leichter wird es dir fallen, die Perspektive deines Hundes einzunehmen und aus seiner und deiner Perspektive zu sprechen.

Der Zaungast spielt dabei eine wichtige Rolle. Er kann dir am Ende rückmelden oder vielleicht auch spiegeln, was er gesehen oder was er wahrgenommen hat.

Du wirst bestimmt die ein oder andere Erkenntnis über dich und / oder deinen Hund mit aus diesem Spiel nehmen. Je spielerischer du herangehst, desto leichter wird es dir fallen.

Ich wünsche dir von Herzen viele positive Erfahrungen, die dir ein Aha bescheren.

Das eine ist, sich völlig in die Welt des Hundes zu begeben, indem der Hund alles bestimmen kann. Die andere Möglichkeit ist die Arbeit mit Holztieren.

Externalisieren – Spiel mit Holztieren

Hier nur kurz ein paar Worte zu den Holztieren. Ich verwende Ostheimer Holztiere, da sie einfach gut in der Hand liegen und sich gut anfühlen. Sie werden in Handarbeit hergestellt und bemalt. Das macht sie für mich so besonders. Doch bevor ich zu theoretisch werde, starte ich gleich mit zwei Beispielen:

Beispiel 1

Gabi hat eine Hündin aus dem Tierschutz. Die Hündin – Bella – ist zwei Jahre alt. Eigentlich ist sie eher unsicher, zieht sich oft zurück und bellt auch schnell, weil sie gestresst und überfordert ist. Bella ist seit circa sechs Monaten bei Gabi. Gabi hatte zuvor schon eine Hündin (ebenfalls recht unsicher), die sehr jung mit sechs Jahren gestorben ist. Sie war häufig krank, was auch zu ihrem frühen Tod führte. Gabi wollte, dass Bella auf jeden Fall sicherer wird. Das war zunächst zumindest ihr Anliegen. Wir hatten mit Online-Training gestartet, da sie weiter weg wohnte. Bella entwickelte sich sehr gut und wurde schon bald übermütig im Kontakt mit Gabi. Ich klärte bei jedem Termin ab, was das größte Anliegen von Gabi derzeit war. Nach

nur zwei Stunden war es nicht mehr die Unsicherheit von Bella, sondern dass Gabi sich völlig von Bella bedrängt fühlte, wenn sie auf dem Sofa saß. Bella durfte auf das Sofa, wurde dann allerdings sehr aufdringlich, kam mit Spielzeug und hüpfte Gabi immer wieder auf den Schoß.

Jetzt wäre es ein Leichtes, zu sagen, dass sie dafür sorgen soll, dass Bella auf dem Boden bleibt oder dass sie sich ruhig neben ihr auf das Sofa setzen sollte. Doch das funktionierte nicht. Ich muss ja auch davon ausgehen, dass das vielleicht meine Variante gewesen wäre, die ich gewählt hätte – doch was ist der gute Weg für Gabi und Bella?

Wir haben uns diese Situation mit Hilfe von Holztieren angeschaut, die Gabi sich aussuchen konnte.

Für das Anspringen von Bella auf dem Sofa wählte sie einen Elefanten, da es sich für sie anfühlte, als würde ein Elefant auf ihr rumtrampeln. Sie selbst fühlte sich dabei wie ein dummes Zebra. Ein Reh stellte die Liebe in ihr für Bella dar. Dadurch hatte ich schon einen sehr guten Einblick, wie es in Gabi aussah.

Es fühlt sich nicht für jeden Menschen so an, als würde ein Elefant auf ihm rumhampeln, weil der Hund auf dem Sofa auf den Schoß springt. Vermutlich gibt es so viele Emotionen dazu, wie es Menschen gibt. Und natürlich würde in mir auch eine andere Emotion entstehen. Um Gabi richtig zu verstehen und ihr zu vermitteln, dass sie von mir verstanden, gehört und gesehen wird, hilft mir dieses Bild zunächst sehr.

Der Elefant erscheint mächtig, und da das Zebra dumm ist (eine Eigenschaft, die dem Zebra von Gabi zugewiesen wurde) hat es dem Elefanten nichts entgegenzusetzen. Das Reh ist sehr zart und lebendig, so wie die Liebe, die Gabi für Bella hat.

Was könnte das Zebra unterstützen, damit nicht nur seine Dummheit im Vordergrund steht? Diese Frage ist extrem wichtig, da in der Situation auf dem Sofa beim Zebra keine andere Eigenschaft mehr zum Tragen kommt als Dummheit – zumindest aus Gabis Sicht.

Der Tiger kann helfen, da er kräftig und schnell ist. Doch es reicht Gabi nicht aus, dass der Tiger einfach beim Zebra steht. Sie braucht es so, dass der Tiger auf dem Zebra steht. Das reicht allerdings immer noch nicht aus. Sie wählt noch einen Fuchs, da der schlau genug ist, den Elefanten auszutricksen. Der Fuchs steht auf dem Tiger. Zwischenzeitlich „rüstet der Elefant noch nach und setzt sich einen Raben auf den Kopf, der den Überblick hat. Trotz des Raben fühlen sich Zebra, Tiger und Fuchs dem Elefanten nun gewachsen.

Die Eigenschaften, die Gabi auswählt, trägt sie in jedem Fall in sich. Wir schauen nach Situationen, in denen sie weiß, dass sie sehr schlau ist wie der Fuchs oder auch schnell und kräftig wie der Tiger. In anderen Kontexten, die gar nichts mit dem Hund zu tun haben, fällt es ihr sehr leicht, diese Eigenschaften bei sich zu finden. Während wir weiter forschen, in welchen Kontexten Gabi die bisher ausgewählten Eigenschaften bei sich finden kann, wird ihr immer klarer, dass das Zebra nie ganz alleine irgendwo steht. Manchmal ist es da und oft ist es völlig im Hintergrund. Sie muss nun schmunzeln, wie es sein kann, dass dieser Elefant so mächtig sein kann. Hier beenden wir unsere Sitzung und verabschieden uns. Ich bin sehr gespannt auf unser nächstes Treffen.

Das Erlebte wirkt nach, es ist gut, wenn du versuchst, das, was du eben gelesen hast, einfach wirken und sacken zu lassen und nicht so sehr in den Prozess des Verstehens gehst. Unser Geist möchte immer alles verstehen und möchte gerne kontrollieren, was wir so tun. In diesem Buch geht es mir weniger darum, dir exakt zu vermitteln, was in deinem Unterbewusstsein passiert, wenn du dich auf das Hundetraining zwischen den Zeilen einlässt. Es geht mir vielmehr darum, dich mehr mit deiner Intuition zu verbinden und zu spüren, was sich in dir rührt.

Vielleicht liest du das und fühlst Abwehr in dir, weil ich dir kein konkretes Wissen an die Hand gebe, das deinen Geist bedienen würde. Wissen gab es in den ersten beiden Teilen des Buches schon viel. Würde ich das jedoch tun, so würde es dir vermutlich noch schwerer fallen, dich auf genau den Prozess – mit einem leeren Geist zu arbeiten – einzulassen.

> Unser Geist möchte immer alles verstehen und gerne kontrollieren, was wir so tun.

In meiner Praxis ist die größte Stolperfalle, dass die Menschen immer wieder aussteigen und sich fragen, was sie hier gerade tun. Oder sie denken, es wäre höchste Psychologie, was wir gerade betreiben. Nein, das ist es nicht. Alles, was ich tue, ist eine Erinnerung zu schaffen, was in dir schlummert. Hier am Beispiel von Gabi und Bella.

Eine der Herausforderungen ist, loszulassen. „Einfach" loslassen, was du eh nicht wissen und vielleicht auch gar nicht begreifen kannst. Einen neuen Weg einschlagen und ihn unbeschwert weitergehen. Dich freuen auf das, was auf dich wartet in einem Prozess, dessen Ausgang gerade noch im Verborgenen liegt. Es ist wie ein Geheimnis, das es noch zu lüften gilt. Ist das nicht spannend?

Bei meinem nächsten Termin mit Gabi war das Anspringen auf dem Sofa gar kein Thema mehr. Ich musste explizit danach fragen und bekam dann die Antwort: „Ach ja, das – dafür habe ich eine gute Lösung gefunden und das taucht kaum noch auf." Prima, wir konnte uns wieder einer weiteren Trainingsaufgabe widmen.

Ist das nicht herrlich, wenn Lösungen so einfach umsetzbar sind? Natürlich habe ich Gabi gefragt, was sie geändert hat, doch so recht wusste sie das gar nicht mehr. Es war ihre innere Haltung, die sich verändert hatte. Sie wusste, dass das Zebra nicht alleine war, sondern die Kumpanen Tiger und Fuchs immer mit dabei waren. Manchmal ist es nicht einmal notwendig, sich immer wieder daran zu erinnern, sondern es reicht aus, wenn das alles wirklich Raum hat, gehört und gesehen zu werden.

Natürlich hatte Gabi auch etwas an ihrem Verhalten geändert. Sie ließ Bella gar nicht mehr aufs Sofa, wenn sie mit einem Spielzeug ankam. Dazu fiel es ihr sehr viel leichter, Bella zu sagen, dass sie auf dem Sofa Platz machen sollte, wenn sie zu ihr kam. Durch die Betrachtung mit den Holztieren hatte sie quasi eine Art Erlaubnis bekommen, sich entsprechend ihrer eigenen Bedürfnisse zu verhalten und nicht nach denen von Bella. Sie wurde klarer und setzte das auch ganz konkret um. Da es ihr plötzlich so leichtfiel, war ihr gar nicht mehr vollständig bewusst, wie genau sie ihr Verhalten verändert hatte.

Beispiel 2

Ein anderes Beispiel ist Sophie mit ihrem Rüden Jack. Jack ist ein quirliger junger Hund von anderthalb Jahren. Er ist sehr lebenslustig und freut sich schnell über jede Kleinigkeit. Sophies Problem war nicht, dass Jack zu überdreht gewesen wäre – das war er tatsächlich nicht. Sie hatte vielmehr das Problem, dass sie sich nicht mit Jack mitfreuen konnte. Dadurch hatte sie das Gefühl, dass sie Jack nicht wirklich an sich heranlassen konnte. Es stand etwas zwischen ihnen, was sie sehr traurig machte.

Wir schauten uns das näher an. Sie wählte für Jacks Freude und Lebenslust einen Seelöwen – der ist lustig, clever und unterhält seine Umgebung. Für ihr eigenes Verhalten, wenn sich Jack so richtig freute, wählte sie eine Schnecke. Die ist träge, kommt nicht hinterher und bleibt unbeteiligt. Sie beschrieb weiter, dass es eine Glasscheibe zwischen ihnen gab, die die Schnecke nicht überwinden konnte. Ich meinte, dass sie Jack ja durch die Scheibe sehen konnte und ob sie sich denn freuen könne, wenn sie ihn nur sieht, er aber nicht in Kontakt mit ihr gehen kann. Nein, das ging auch nicht. Um uns allen mehr Klarheit zu verschaffen, fragte ich, welches Tier die Scheibe symbolisieren könnte. Sie wählte einen Drachen aus, da es für sie gefährlich war, nah an diese Scheibe heranzugehen.

Auch hier wurde mir wieder sehr viel klarer, was sich in Sophie abspielte, wenn sich Jack so sehr freute. Der Drache war für mich sehr viel plastischer und stellte (für mich) wirklich eine Gefahr dar, die ich bei der Glasscheibe so nicht empfinden konnte.

WICHTIG!

Es geht mir an der Stelle nicht darum, tiefenpsychologische Prozesse anzuregen. Vielleicht gibt es einen triftigen Grund, warum es für Sophie gefährlich, ist an die Scheibe heranzugehen. Diesen triftigen Grund werde ich nicht bearbeiten, da ich dafür nicht ausgebildet bin. Dafür bräuchte es eine Therapie oder ein tiefergehendes Coaching, was ich auf nicht leisten kann und auch nicht möchte. Meine Arbeit zielt drauf ab, ein Thema zu externalisierten und es so sichtbarer zu machen – für mich und auch für meine Kunden. Danach schauen wir nach Ressourcen und Trainingsansätzen, die helfen können, dieses eine konkrete Problem zu lösen.

Auch hier stellte sich die Frage, welches Tier die Schnecke unterstützen konnte. Es war eine Bärin. Sie ist – mit den Worten von Sophie – warmherzig, schutzgebend und fürsorglich. Alleine dadurch, dass die Bärin sich zu der Schnecke gesellte, verschwand der Drache.

Manchmal sind Lösungen wirklich so einfach. Sophie kannte die Bärin sehr gut – oft eher im Kontakt mit anderen und weniger im Kontakt mit sich. Es reichte aus, das sichtbar zu machen und Sophie konnte ihr Verhalten gegenüber Jack verändern. Sophie hatte schon sehr viel Hundeerfahrung, deshalb brauchte es dazu keine weiteren Trainingsschritte.

Hätte ich hier einen Trainingsansatz gestartet und Sophie gezeigt, wie sie mehr oder besser mit Jack spielen könnte oder wie sie ganz gezielt Übungen mit ihm aufbaut, die beiden Spaß machen, wären wir nicht so schnell und vermutlich nicht so erfolgreich zum Ziel gekommen.

Wir sprechen Tieren bestimmte Eigenschaften zu, deshalb funktioniert es ganz wunderbar, mit den Holztieren zu arbeiten. Welche Eigenschaften es genau sind, ist sehr individuell. Auch hier kannst du selbst ein wenig ausprobieren, welche Tiere dir sehr nahestehen und welche eventuell deinem Hund nahe stehen könnten. Vielleicht hast du dich schon mit der Wirkung von Krafttieren beschäftigt. Wenn ja, weißt du, welche Tiere dich unterstützen können.

Ich habe ein paar Tierfiguren ausgewählt, die du dir gerne ausdrucken kannst, damit du nicht gleich mehrere Holztiere kaufen musst. Schau welche dir gefallen und spüre in dich hinein, welche dich unterstützen könnten. Du kannst sie auch ausschneiden, damit du einen noch besseren Zugang bekommst, wie sie auf dich wirken oder auch gegenseitig aufeinander. Hast du ein Tier gefunden, das dich besonders anspricht, kannst du es dir besorgen und bei dir tragen, damit du dich leichter an die Ressource, die du in dir trägst, erinnern kannst.

Wie steht es um die Ressourcen, die in dir schlummern? Hast du schon mehr darüber herausgefunden?

Solltest du keine Holzfiguren zur Verfügung haben, haben wir hier Tierfiguren zum Herunterladen und Ausschneiden für das Spiel „Externalisieren – Spielen mit Holztieren“.

Ressourcen

Du kannst davon ausgehen, dass alle Eigenschaften, die du in diesem Sehen-und-Gesehenwerden-Spiel in den Tieren siehst, auch in dir vorhanden sind. In der Regel kannst du dich in einem angespannten Moment oder einer stressigen Situation nicht mehr an deine Ressourcen erinnern. Das heißt jedoch nicht, dass sie zu einem solchen Zeitpunkt gar nicht da sind. Sie sind immer da und würden dir auch zu jedem Moment zur Verfügung stehen.

Was also tun, damit du dich auch dann an deine Ressourcen erinnern kannst, wenn es stressig wird?

Dazu nehmen wir Sabine mit ihrer Hündin Hazel. Hazel (zwei Jahre, Sheltie) wetzt zur Tür, sobald es klingelt. Deckentraining funktioniert super, wenn jemand aus der Familie klingelt. Doch sobald es jemand „Fremdes" ist, klappt es nicht mehr und Hazel rennt bellend zur Tür und regt sich sehr auf. Sabine ist sich sicher, dass sie jedes Mal gleich reagiert. Wobei sie einschränkt, dass sie schneller aufgibt und Hazel nicht mehr zurück auf die Decke schickt, wenn eine „fremde Person" vor der Tür steht.

Am schlimmsten ist es, wenn ihre Schwester zu Besuch kommt. Hazel ist kaum zu bändigen, springt hoch, bellt und dreht sich im Kreis. Sabines Schwester geht in die Hocke, freut sich mit Hazel und lässt sich von ihr im Gesicht ablecken, sobald Hazel ein kleines bisschen ruhiger geworden ist. Sabine hat schon mehrmals versucht, mit ihrer Schwester über das Verhalten von Hazel zu sprechen, doch es endet jedes Mal damit, dass die Schwester schlicht der Meinung ist, dass Hazel sich einfach freut, wenn sie kommt und das doch ganz normal sei. Sie freut sich ja schließlich auch, den Hund zu sehen. Sabine hat deshalb kapituliert und lässt Hazel mit ihrer Schwester allein an der Tür stehen, wenn diese kommt.

Tatsächlich stört Sabine dieses Verhalten jedoch und sie möchte es gerne ändern. Da sie an ihrer Schwester offensichtlich nichts ändern kann und sie ansonsten sehr gerne mit ihrer Schwester in Kontakt ist, brauchen wir einen guten Plan.

Wir überlegen uns, was nötig wäre, damit Sabine auch souverän die Tür öffnen kann, wenn ihre Schwester klingelt, oder jemand, der nicht zur Familie gehört. Sie ist sich sicher, wenn Hazel erst gar nicht zur Tür laufen würde, würde sich auch ihre Schwester anders verhalten. Wie also kann sie bei ihrem eigenen Bedürfnis bleiben – nämlich, dass die ganze Szenerie Klingeln – Besuch kommt heran, ruhig abläuft. Bisher steht das Bedürfnis ihrer Schwester sehr im Vordergrund und auch das von Hazel.

Sie entscheidet sich für eine Mütze, mit der sie sich sehr wohl fühlt. Sie trägt sie immer mal wieder, das ganze Jahr durch. Es ist ihr ein sehr lieb gewonnenes Accessoire, das ihr viel bedeutet. Wir schaffen zunächst Trainingssituationen. Es klingelt, Sabine schickt Hazel auf die Decke und danach setzt sie sich die Mütze auf. Nach ein paar Versuchen gehe ich raus und warte etwas vor der Tür. Auch mich hat Hazel bisher immer wieder angesprungen. Dann klingele ich. Und siehe da, Hazel kommt mir nicht entgegengerannt. Sie bellt drei Mal kurz auf ihrer Decke und bleibt ansonsten ruhig. Bei einem nächsten Versuch kommt noch ein Beller, ansonsten bleibt alles entspannt. Sabine kann mich sogar kurz begrüßen und wir gehen gemeinsam rein. Ein paar Tage später bekomme ich eine Nachricht von Sabine, dass die Mütze wahre Wunder wirkt und Hazel inzwischen sogar beim Postboten auf der Decke geblieben war. Der nächste Besuch ihrer Schwester blieb ebenfalls recht entspannt. Sabine bat ihre Tochter die Tür zu öffnen, blieb in Hazels Nähe stehen und konnte sie so gut fürs Bleiben belohnen.

Wie wäre es, wenn du dir eine kleine Schatztruhe anlegst und in diese all deine Ressourcen legen kannst?

Warum ist es möglich, dass eine Mütze diesen Unterschied bewirkt? Die Mütze war es im Fall von Sabine. Bei dir kann es etwas völlig anderes sein, was dich unterstützen kann. Das gilt es bei jedem einzelnen Fall herauszufinden. Und tatsächlich ist es nicht, was ich aussuche, sondern immer meine Kunden selbst. Das funktioniert ganz wunderbar, egal, ob ich vor Ort mit jemandem arbeite oder online. Sabine hatte das Gefühl, dass sie mit Mütze irgendwie ihre Gedanken zusammenhalten konnte. Trug sie die Mütze nicht, war es so, als würde alles, was sie zuvor gelernt und auch geübt hatte, einfach davonfliegen. Ist doch wunderbar, wenn die Mütze das verhindern konnte. Zusätzlich ist die Mütze natürlich auch ein Anker, um Sabine daran zu erinnern, was sie in der Situation tun sollte.

Am Ende des Tages ist es das Gleiche, wie wir mit unseren Hunden Übungen aufbauen. Übungen, die in herausfordernden Situationen als

Ressourcen dienen. Kommt ein Hund auf ein hohes Erregungslevel, kann ein Versuch sein, das Verhalten umzulenken. Je nachdem, wie hoch die Erregung oder das Stresslevel ist, funktioniert vielleicht Futter auf den Boden zu werfen, damit der Hund das suchen kann oder ein Stups in die Hand. Hat man dann wieder die Aufmerksamkeit des Hundes, kann man ihn auch wieder normal ansprechen und gelernte Übungen abrufen.

Genau das macht Sabine nun auch. Beim Klingeln flogen ihre Gedanken davon und sie konnte sich nicht mehr konzentrieren. Die erlernte Fähigkeit, Hazel auf der Decke zu halten, funktionierte nicht mehr. Indem sie ihr Verhalten nun selbst umlenkt und sich erst einmal die Mütze aufzieht, kann sie sich sammeln und bei sich bleiben.

Was es bei dir sein könnte, muss in jedem Fall individuell bei dir betrachtet werden. Es gibt hier keine Standardlösungen. Das ist mir sehr wichtig zu betonen. Vielleicht würdest du dann sogar denken, dass dieses oder jenes bei dir funktionieren müsste. Nein, muss es nicht. Doch ich bin mir sehr sicher, dass dein Unterbewusstsein ganz genau weiß, was du brauchst und gut für dich ist.

Wie wäre es, wenn du dir eine kleine Schatztruhe anlegst, in die du all deine Ressourcen legen kannst? Ist es eine Übung, kannst du sie auf einen Zettel schreiben oder ein Symbol dafür finden. Bei Gegenständen, die dir helfen können, leg diese in die Truhe oder stellvertretend dafür einen Ersatz. Diese Truhe kann sich immer weiter füllen und du weißt, wo du nachschauen kannst, wenn es dir schwerfällt, dich an Ressourcen zu erinnern. Es kann auch ein anderer Behälter sein, ein Glas oder eine Dose. Was immer dich anspricht ist richtig.

Deine innere Haltung

Ich möchte nicht behaupten, dass es bei allen Menschen funktioniert, so zu arbeiten. Natürlich braucht es ein Einlassen auf den Prozess seitens meiner Kunden. Mit manchen Kunden arbeite ich auch sehr nah an Trainingsplänen und Trainingstechnik, weil ich das Gefühl habe, dass das für sie richtig und wichtig ist. Sobald meine Intuition mir allerdings sagt, dass ich mit diesem oder diesen Menschen in mehr intuitives Arbeiten gehen soll, dann mache ich genau das.

Es braucht die Offenheit jedes einzelnen Menschen, da ich auch nicht immer erklären kann, warum etwas wie funktioniert. Dann ist es wichtig, dass die Menschen das Ergebnis annehmen können und nicht immer wieder hinterfragen, was genau sie getan haben. Sie haben etwas verändert, von dem sie dachten, dass sie es nicht können oder in Verbindung mit ihrem Hund nicht umsetzen können. In unserer gemeinsamen Arbeit verändert sich das manchmal wie von alleine. Manchmal steckt jedoch auch einiges an Arbeit dahinter, weil es so ganz ohne Training oft auch nicht geht.

Wieviel Training nötig ist oder wie schnell sich ein Verhalten beim Hund verändern kann, kann ich nicht voraussagen. Geht es darum, dass der Mensch selbst wirklich ein Verhalten verändern sollte, dann wird der Prozess sicher länger dauern. Anders sieht es aus, wenn sich im Menschen eine innere Haltung ändert. Dann kann alles sehr schnell gehen. Diese innere Haltung ist in dir definitiv schon angelegt. Es braucht nur den richtigen Ansatz, damit du darauf zugreifen kannst. Schließlich kommt immer der richtige Hund zu dir. Der Hund, von dem du genau das lernen kannst oder darfst, was für dich in deinem Lebenszyklus gerade richtig und wichtig ist. Auch wenn das nicht immer das ist, was wir denken, was wir brauchen. Das Leben hat manchmal andere Pläne und es ist gut, zu sagen, dass das Leben einfach Recht hat.

In unserer gemeinsamen Arbeit verändert sich das manchmal wie von alleine. Manchmal steckt jedoch auch einiges an Arbeit dahinter, weil es so ganz ohne Training oft auch nicht geht.

Bei mir war ein Schlüsselerlebnis, um mit dem autoaggressiven Verhalten von Godiva entspannt umgehen zu können, als ich auf einem Seminar von Simon Prins war. Jeder konnte sich sein Thema auf dem Seminar selbst aussuchen und ich entschied mich für ihr aggressives Verhalten. Aggression zeigte sie teilweise auch nach außen, wenn ihr oder mir jemand zu nah kam, sich seltsam oder zu schnell bewegte oder sie anfassen wollte.

Simon stellte uns ein paar Aufgaben, die kein Problem waren und ich hatte schon die Befürchtung, dass ich mich für das falsche Thema entschieden hatte. Dann arbeiteten wir mit einem Bodentarget, auf dem Godiva bleiben sollte. Simon belohnte sie dafür, dass sie dortblieb. Ich hatte sie an der Leine. Es sah alles sehr entspannt aus.

Simon hatte Godiva ein paar Mal Futter gegeben, während er mir etwas erklärte und sich wieder ein kleines Stückchen von uns entfernt. Doch dann drehte sich Simon zu den anderen Teilnehmenden um, um allen etwas zu erklären. In dem Moment ging Godiva nach vorne, bellte ihn an und sprang in die Leine. Es war nichts passiert, ich holte sie zu mir und sie beruhigte sich sofort wieder. Bis zu diesem Zeitpunkt war ich noch recht souverän, da ich funktionieren musste, um Godiva zu mir zurückzuholen. Doch ich hatte sehr wohl bemerkt, dass sie, während sie nach vorne ging, immer wieder kurz ihren Kopf nach hinten, hin zu ihrer Rute gerichtet hatte. Als Godiva wieder bei mir war, fiel in mir etwas zusammen. Es reichte, dass sie nur andeutete, in ihre Rute beißen zu wollen, um mich völlig nervös werden zu lassen.

Ich war mit nicht sicher, ob Simon dieses kleine zusätzliche Verhalten von Godiva registriert hatte. Mich hatte nicht erschüttert, dass sie nach vorne ging, da konnte ich sie locker halten und wieder zurückholen. Für mich war schlimm, dass sie nur im Ansatz anzeigte, dass sie auf sich selbst losgehen wollte.

Wir arbeiteten noch ein wenig weiter, doch ich weiß nicht mehr, was wir noch gemacht hatten. Mir schwirrte nur noch die Frage im Kopf: Hat er das gesehen, was ich gesehen habe? In einer Pause ging ich zu ihm und fragte ihn danach. Mir standen wirklich die Tränen in den Augen, so sehr war ich in einem alten Muster gefangen. Ja, er hatte es gesehen und ich konnte es kaum glauben, er fand das nicht schlimm. Ich verstand die Welt nicht mehr und hakte nochmal nach und erklärte ihm, dass es für mich entsetzlich ist, wenn ich sie in autoaggressivem Verhalten sehe. Was er dann sagte, hat etwas in mir verändert und ich kann nicht sagen, was genau es war. Seine Antwort war: „Ihr könnt wunderbar voneinander lernen – euch vertrauen. Sie vertraut dir!“

Ja klar, es geht um Vertrauen – eines meiner Lebensthemen – und das war mir auch vorher schon klar. Seit ich sie das erste Mal sah, war mir klar, dass es darum geht, erst einmal Vertrauen aufzubauen. Entspannen konnte ich mich jedoch erst in dem Moment, als mir das jemand von außen bestätigte. Genau seit diesem Moment bin ich nie mehr in dieses schlimme Gefühl der Hilflosigkeit gefallen, wenn Godiva einen Ansatz von Autoaggression zeigte. Ist das nicht wunderbar? Es kann so einfach sein.

Die Lösung ist in dir bereits vorhanden und es braucht nur den richtigen Kick, um sie wach werden zu lassen. Manchmal sind diese Lösungen gut verbuddelt in unserem Unterbewusstsein und es braucht Geduld und Offenheit, um sie wieder in unser Bewusstsein vordringen zu lassen. Ist die Lösung dann da, wird es dir so vorkommen, als wäre sie schon immer da gewesen. Und das war sie ja auch, sie hat nur in dir geschlummert.

Seelen von anderen Menschen sind sensibel und ich weiß nicht, was mich erwartet, wenn ich versuche, zu tief zu gehen.

Hier noch einmal der Hinweis, dass es sehr viel Feingefühl braucht und ein sehr gutes Wissen, wo die eigenen Grenzen sind, wenn du zum Beispiel mit Menschen mit Hund zusammenarbeitest. Dinge, die ins Unterbewusstsein gewandert sind, sind dort nicht ohne Grund. Alles, was ich mache, ist ein leichtes Kratzen, ob das Bewusstsein bereit ist, etwas aus dem Unterbewusstsein wieder zu begrüßen, weil es als Ressource sehr gut gebraucht werden könnte. Alles andere lasse ich schlafen. Trotz meiner Coachingausbildung gibt es Grenzen, wie ich Menschen helfen kann. Ich für mich habe meine Grenzen gefunden und habe dazu auch eine Supervision gemacht, weil mir das wichtig war. Seelen von anderen Menschen sind sensibel und ich weiß nicht, was mich erwartet, wenn ich versuche, zu tief zu gehen.

Resilienz

An der Stelle passt Resilienz sehr gut. Einfach gesagt, die Fähigkeit und den Glauben eine für das Individuum schwierige Situation zu meistern beziehungsweise meistern zu können.

Wie so oft ist das sowohl für Mensch als auch für Hund wichtig. Eng verbunden mit Resilienz ist für mich das Bedürfnis nach Selbstwirksamkeit. Führt dein eigenes Verhalten immer wieder zum Erfolg, entsteht in dir das Gefühl, dass du auch herausfordernde Situationen gut meistern kannst.

Das gilt auch in Verbindung mit deinem Hund. Warst du immer wieder mit dem Verhalten konfrontiert, dass dein Hund im Freilauf nur schwerlich zurückkommt oder oft auch gar nicht? Wenn er vielleicht auch schon einfach ein paar Minuten weg war, wirst du unsicher gewesen sein, ihn frei laufen zu lassen. Hast du am Rückruf gearbeitet und dein Hund kommt inzwischen sehr gut zurück, weißt du, dass du es schaffen kannst, deinem Hund ein anderes oder neues Verhalten anzutrainieren. Hat sich der Rückruf richtig gut etabliert, wirst du nicht sofort unsicher, wenn dein Hund mal nicht gleich kommt.

Doch es geht noch weiter. Zeigt dein Hund an einer anderen Stelle ein unerwünschtes Verhalten, zieht er zum Beispiel an der Leine oder fängt an fremde Menschen anzubellen, wirst du sehr viel schneller an den Punkt kommen, dir entweder entsprechende Hilfe zu holen oder ein Training zu starten, das du schon kennst. Es wird dich weit weniger in Unsicherheit stürzen, als wenn du noch kein schwerwiegendes Problem mit deinem Hund gelöst hast. Du kennst Lösungen und Wege, die dich an dein Ziel führen, sie sind schon da.

Führt dein eigenes Verhalten immer wieder zum Erfolg, entsteht in dir das Gefühl, dass du auch herausfordernde Situationen gut meistern kannst.

Regulation

Wie gut kannst du dich selbst regulieren, wenn eine Situation nicht nur für deinen Hund stressig wird, sondern auch für dich? Selbstregulation in einer angespannten Situation heißt, dass du entspannt bleiben kannst bzw. dich entspannen kannst, obwohl dein System zunächst in Stress kam.

Du hast dir eine kleine oder größere Schatzkiste für deine Ressourcen angelegt oder hast es zumindest vor. Und dadurch, dass du schon andere schwierigere Begebenheiten mit Bravour meistern konntest, hast du dir Selbstwirksamkeit erarbeitet und bist dir deiner Resilienz bewusst.

Es gibt Übungen, die wirklich sehr gut funktionieren und bei denen du dich darauf verlassen kannst, dass dein Hund sie ausführt. Das gibt dir die Möglichkeit, dich daran zu erinnern, dass die stressige Situation gar nicht so angespannt ablaufen muss, wie du gerade denkst.

Indem du dich selbst regulieren kannst, kannst du deinen Hund durch Co-Regulation ebenfalls in Entspannung holen.

Indem du dich selbst regulieren kannst, kannst du deinen Hund durch Co-Regulation ebenfalls in Entspannung holen.

Ein Beispiel:

Godiva ist sehr empfindlich, was ihren Körper angeht, wie schon erwähnt. Wir kamen von einem Spaziergang zurück, und als ich in die Garage fuhr, fing es stark zu regnen an bis hin zu leichtem Hagel. Der Weg von der Garage zur Wohnung ist etwa 70-80 Meter lang. Sie war sofort in Stress, als die ersten Tropfen auf sie fielen. Und ich auch. Das Wetter war eklig, und windig war es auch noch. Ich hätte mit ihr schnell laufen können, doch sie zog schon so sehr an der Leine, das würde mehr werden, sobald ich schneller werden würde.

Also entspannte ich mich und dachte nach. Sie kann supergut rechts oder links neben mir gehen und sie kann dabei auch in meine Richtung schauen. Also sagte ich ihr, sie soll an meine rechte Seite kommen und mich anschauen. Gesagt getan. Das Gezerre hörte augenblicklich auf, sie führte die Aufgabe perfekt aus und wir konnten entspannt bis zur Haustüre gehen.

Hätte ich mich nicht zuerst selbst regulieren können, hätte ich keine Chance gehabt, Godiva auch zu entspannen. Es könnte allerdings auch passieren, dass ich nicht wirklich präsent bin, dann wäre meine Möglichkeit zur Selbstregulation sehr eingeschränkt bis gar nicht vorhanden. Also wäre ich in dem Beispiel mit einem gestressten Hund völlig entnervt zur Haustür gelaufen und hätte immer wieder versucht, ihr klarzumachen, dass sie nicht so an der Leine ziehen soll. Das wäre vergebens gewesen.

Selbstregulation ist nicht immer eine Selbstverständlichkeit. Die „Aha“-Übung vom Anfang des Buches hilft dir, in mehr Selbstregulation zu kommen. Vielleicht versuchst du es zuerst einmal mit kleinen Alltagsdingen, bevor du dich an einer angespannten Situation mit deinem Hund versuchst.

Die kleinen Schritte sind es, die dich sehr viel schneller ans Ziel bringen als die ganz großen.

Dein Hund hilft dir

Bei allem, was du mit deinem Hund unternimmst, wird er bereit sein, mit dir zu kommunizieren. Er zeigt dir, was er braucht und was ihn stört. Je besser du ihn verstehen kannst, desto leichter wird euer gemeinsames Leben werden.

Es ist an der Zeit, traditionelle Denkweisen wie „Der Hund sollte schlicht und ergreifend das tun, was der Mensch ihm sagt" ad acta zu legen. Sie sind überholt und können getrost neu gedacht werden. Hunde leisten Großartiges, wenn sie in bestimmten Einsätzen geführt werden, wie zum Beispiel Suchhunde, Blindenführhunde, Schulhunde usw. Sie haben mehr als eine Idee von der Arbeit, die sie leisten und entwickeln sich ganz von selbst weiter, um sich noch mehr zu perfektionieren.

Wie schon zuvor erwähnt ist Kommunikation ein wichtiger Bestandteil einer Beziehung – so auch der zwischen Mensch und Hund.

In meiner Praxis arbeite ich eher weniger mit den Hunden, sondern ich erkläre weit mehr meinen Kunden, was sie tun sollen. Dabei ist mir immer wichtig, dass sie verstehen, was der Hintergrund einer Übung ist und warum ihr Hund sich gerade so oder so verhält. Doch ab und an ist es auch gut, wenn ich eine Übung nicht nur anleite, sondern indem ich direkt mit dem Hund arbeite und zeige, wie die Übung aufgebaut wird.

Flexibel zu sein und genügend Ideen zu haben, welche Wege du alternativ gehen kannst, das ist der Schlüssel zum erfolgreichen Training.

Das hat zwei Effekte:

1. Der Hund lernt es schneller, da ich die Übung schon kann und nur er lernt.
2. Der Mensch kann mir zuschauen und sich so etwas abschauen.

Manchmal bitte ich allerdings auch um die Leine, um zu sehen, ob der Hund eine bestimmte Übung überhaupt verstehen kann oder ob wir im Training mit einfacheren Schritten beginnen sollten. Dabei kann es vorkommen, dass die Menschen verwundert sind, warum der Hund das gewünschte Verhalten bei mir zeigt und bei ihnen nicht. Aus ihrer Sicht zeigen sie dem Hund genau das Gleiche wie ich. Bei genauer Betrachtung stimmt das vermutlich nicht.

Hier ist es gut, in Details einzusteigen. Was sind die Unterschiede, worauf reagiert der Hund und was signalisiert er? Vielleicht liegt es an der Trainingstechnik. Das Timing stimmt nicht, der Verstärker ist für den Hund kein Verstärker oder die Hilfen in Form von Bewegungen sind unklar für den Hund. Oder es liegt an der inneren Haltung. Um herauszufinden, woran es in diesem konkreten Fall liegt, sind ein paar passende Nachfragen nötig. Ich freue mich immer sehr, wenn meine Kunden offen sind für diese Arbeit und immer mehr über ihren Hund und auch über sich selbst erfahren möchten.

Dein Hund signalisiert dir immer, wo er Unterstützung braucht. Flexibel zu sein und genügend Ideen zu haben, welche Wege du alternativ gehen kannst, das ist der Schlüssel zum erfolgreichen Training. Kommunikation ist keine Einbahnstraße. Sie ist aus meiner Sicht die größte Herausforderung mit unseren Hunden. Vielleicht sogar nicht nur mit unseren Hunden. Kommunikation ist ein wichtiges Gut, das in Zukunft zwischenmenschliche Beziehungen bestimmen wird. Dabei denke ich nicht nur an die rasante Entwicklung von KI, sondern generell an die Herausforderungen dieser Zeit.

Spiel unter „Hunden“

Vorneweg – das, was jetzt kommt, macht riesigen Spaß und bringt dich um Welten weiter, wenn du deinen Hund wirklich verstehen möchtest.

Du kannst es nicht alleine spielen, du brauchst Gleichgesinnte, die bereit sind, sich auf diese Form des Spiels einzulassen. Ich möchte es dir aber mitgeben auf deinen Weg, um aufzuzeigen, was möglich ist, wenn du dich zum einen auf den Gedanken einlässt, einfach ein Spiel zu spielen und zum anderen, deinen Hund auf eine ganz neue Art und Weise zu verstehen.

Um die Ressourcen und Bedürfnisse deines Hundes noch besser kennenzulernen, habe ich das vorhin beschriebene Spiel, das ich im Kinderpsychodrama kennengelernt habe, angepasst an die Schwierigkeiten, die sich auftun, wenn Menschen ein Problem oder vielleicht besser ausgedrückt eine Herausforderung mit ihrem Hund haben.

Einfach beschrieben schlüpfst du in die Rolle deines Hundes und „spielst“ ihn, wobei du dich möglichst gut in seine Perspektive hineinzuversetzen versuchst.

Versuche, die nächsten Minuten ganz dein Hund zu sein. Gleichzeitig lassen sich noch drei, vier oder auch fünf andere Menschen auf diesen Prozess ein, das heißt, es werden gleich vier bis sechs Menschen in der Perspektive ihrer Hunde miteinander agieren - auf einer Hundewiese, in einem Rudel oder einer sonstigen frei erdachten Situation. Die Spielhandlung findet immer in einem geschlossenen Raum statt, um keine Ablenkung von außen zu haben. Diesen geschützten Rahmen braucht das Spiel – vor allem für den Menschen. Es ist alles erlaubt, das den anderen nicht verletzt oder ihm Schmerzen zufügt. Diese Vereinbarung ist absolut notwendig, damit sich alle frei bewegen können. Die wirklichen Hunde sind bei der Interaktion nicht dabei – sie haben Pause!

Einfach beschrieben schlüpfst du in die Rolle deines Hundes und „spielst“ ihn, wobei du dich möglichst gut in seine Perspektive hineinzuversetzen versuchst.

Bevor du jetzt das Buch zur Seite legst und denkst, dass das nichts für dich ist, lade ich dich herzlich ein, ein klein wenig weiterzulesen und noch einmal zu überprüfen, ob das wirklich die einzige Wahrheit ist, also das Buch wegzulegen, die du in dir finden kannst. Vielleicht gibt es auch Neugierde in dir oder Spannung, was noch kommt.

Der Einstieg

Der Raum, in dem das Spiel stattfindet, sollte wenig Ablenkung bieten und es sollte gut möglich sein, sich auch auf dem Boden aufzuhalten. Es darf also nicht zu kalt sein. An den Rändern des Raumes habe ich viele unterschiedliche, farbige Tücher in verschiedenen Größen ausgelegt, bevor die Teilnehmer in den Raum gekommen sind. Es gibt auch ein paar wenige Materialien, aus denen etwas gebaut werden kann sowie Schaumstoffröhren, die benutzt werden können. Zusätzlich gibt es diverse Bänder, mit denen ebenfalls gebaut werden kann. Es braucht gar nicht sonderlich viel.

Als erstes stellen sich die Menschen mit ihren Hunden vor, wobei die Hunde real gar nicht anwesend sein müssen. Jeder erzählt kurz von seinem Hund. Anschließend werden die Perspektiven gewechselt und die Menschen schlüpfen in die Perspektive ihres Hundes. Dazu bewegen sie sich im Raum, so wie es für sie gut ist. Danach stellen sich die „Hunde" selbst vor. Erzählen, was sie gut können, welche Erfahrungen sie gesammelt haben und was ihnen Spaß macht. Ob sie gerne mit anderen Hunden im Kontakt sind und wie ihr Zusammenleben mit ihren Menschen ist. Das braucht ein wenig Zeit, damit die „Hunde" die Möglichkeit haben, anzukommen.

Da die „Hunde" in Wirklichkeit Menschen sind, behalten sie ihre Form der Fortbewegung und auch die Sprache bei. Die „Hunde" gehen also auf zwei Beinen und sprechen ganz normal menschlich.

Es spielt keine Rolle, ob sich die realen Hunde kennen oder nicht. Nicht einmal ich muss die Hunde kennen. Wir alle werden uns im Laufe der Interaktion näher kennenlernen.

Die „Hunde" kommen nun in Bewegung und können sich aus den Tüchern etwas aussuchen, was zu ihnen passt und sich umhängen. Dann haben sie die Aufgabe, auf einer abgegrenzten Fläche im Raum, die groß genug ist, damit sich alle genügend bewegen können, einen Platz zu suchen, um sich einen geschützten Ort zu bauen. Dafür darf alles benutzt werden, was im Raum ist – vor allem die Tücher und die weiteren Utensilien, die bereit liegen. Auch das braucht Zeit, jeder „Hund“ soll sich sicher und geborgen fühlen, da wo er sich niederlässt.

Die Tücher, die sich die „Hunde“ aussuchen und „anziehen“ können, dienen dazu, nicht mehr privat als Mensch in dem Spiel zu sein. Es ist ein Erkennungsmerkmal des „Hundes“. Eine Art Verkleidung, die den Menschen – von außen betrachtet – zum „Hund“ werden lässt. Doch auch für die Menschen ist es wichtig, um sich besser von sich selbst abgrenzen zu können.

Da alle Gegenstände, die benutzt werden, nur Symbolcharakter haben sollen, eignen sich die Tücher auch ganz wunderbar, um Hütten, Höhlen und Verstecke zu bauen.

Manche „Hunde“ bauen sich richtige Verstecke, anderen reicht es, wenn sie sich eine Decke an den Rand legen. Hier gibt es wieder kein Richtig oder Falsch. Jeder „Hund“ schafft sich seine Umgebung genau so, wie es für ihn richtig ist. Die Hunde, können auch das bauen, was zur Szenerie für sie dazugehört. Das kann ein Bach sein oder ein Teich, ein Wald, eine Wiese ... was immer sie brauchen.

Nachdem alle gut in ihren geschützten Orten angekommen sind, beginnt ein kleines Spiel. Ich läute es mit einer Glocke ein, weil mir das sehr gut gefällt und ich es so gelernt habe.

> Das, was die „Hunde“ erleben, kann man sich nicht im Kopf zusammen spinnen und erdenken. Es ist erlebtes Wissen, das sich gerade gezeigt hat.

Die Hunde schlafen, es ist morgen, die Sonne geht auf, das Glöckchen läutet und der Tag beginnt. Die Hunde können sich nun umschauen in ihrer Umgebung, was die anderen gebaut haben und wo sie wohnen. Sie können, müssen aber nicht. Wenn sie an ihren sicheren und geschützten Orten bleiben wollen, ist das genauso in Ordnung, als wenn sie sich neugierig überall umschauen. Jeder „Hund“ schaut nach seinem Bedürfnis und verhält sich dementsprechend.

Das Umschauen dauert in der Regel 15 – 20 Minuten. Danach ertönt wieder das Glöckchen und alle ziehen sich an ihren sicheren Ort zurück.

Im Anschluss findet ein Austausch statt. Nun dürfen die „Hunde“ erzählen, was sie erlebt haben, wen sie kennengelernt haben und was immer ihnen einfällt, was gerade wichtig ist. Es ist sehr spannend, welche Erkenntnisse dabei zutage kommen. Das, was die „Hunde" erleben, kann man sich nicht im Kopf zusammen spinnen und erdenken. Es ist erlebtes Wissen, das sich gerade gezeigt hat. Inzwischen fällt es den „Hunden" auch schon sehr viel leichter, „Hund" zu sein.

Danach gehen die „Hunde" eine Runde im Raum umher, um wieder als der jeweilige Mensch in die Runde zurückzukommen. Nun findet eine Austauschrunde unter den Menschen statt. Auch hier tauchen wieder sehr spannende Erlebnisse auf.

Allein durch diese Erfahrung entsteht so viel Nähe zwischen Mensch und Hund, was das jeweilige Verhalten angeht, dass sich schon sehr viel an der inneren Haltung des Menschen ändern kann. Diese neue und völlig andere Sicht des Menschen auf den Hund führt zu enorm viel Verständnis für den Hund.

Eine Teilnehmerin hatte einen Hund, der im Freilauf immer mal wieder ausbüchste und sich nicht direkt zurückrufen ließ. Sie berichtete, dass sie das Verhalten des Hundes nach dieser Erfahrung verändert hatte. Er schaute mehr auf sie und sie wusste instinktiv, wann sie ihn besser anleinen sollte, da er kommunizierte, dass er gleich gehen würde. Auch Wochen danach war sie noch immer skeptisch, ob das so bleiben würde. Sie rechnete täglich damit, dass ihr Hund mal wieder weg sein würde. Sie blieben beide bei ihrem neuen Verhalten und irgendwann konnte sie es auch glauben und darauf vertrauen, dass etwas das Verhalten ihres Hundes positiv verändert hatte.

Ganz sicher war es nicht nur das Verhalten ihres Hundes, auch sie hatte ihr Verhalten verändert. Ihr war klar geworden, dass sie viel mehr auf die Signale ihres Hundes achten durfte und die Leine eine tolle Verbindung zwischen ihr und ihrem Hund darstellte. Sie berichtete sogar, dass sie es nie für möglich gehalten hätte, dass sie einmal das Gefühl haben würde, dass die Leine ihrem Hund Sicherheit geben würde. Aber genau so fühlte es sich an. Kommunizierte ihr Hund, dass er gleich gehen würde, erkannte sie, dass er unruhiger wurde. Sobald er an der Leine war, konnte er sich entspannen. Er zog dann auch nicht an der Leine, er lief völlig entspannt neben ihr her, wobei sie das nicht mit ihm trainiert hatte. Bis zu diesem Zeitpunkt war sie der Meinung, dass sich Hunde wohler und freier fühlen, wenn sie ohne Leine laufen können.

Das ist eine wunderbare Erfahrung, die ganz ohne zusätzliches Training zustande kam. Die Kundin ist bis heute der Meinung, dass sie *eigentlich* nichts verändert hat. Um so schöner, wenn es einfach so passiert ist.

Sich noch näher kennenlernen

Das vorher beschriebene war nur der Einstieg in die Welt aus Sicht deines Hundes. Noch tiefer und spannender werden die Erkenntnisse, wenn du aus der Perspektive deines Hundes in richtige Interaktionen einsteigst.

Vertrauen aufbauen und sich näherkommen ist ein Prozess, der vermutlich niemals enden wird. Du kannst immer eine Schicht tiefer kommen – sowohl bei dir als auch bei deinem Hund. Dein Hund wird diesen Prozess liebend gerne mit dir mitgehen. Bist du offen für die nächste Runde?

Nachdem die Menschen wieder in die Perspektive ihres Hundes geschlüpft sind, geht es weiter.

Die „Hunde" treffen sich wieder und möchten einen schönen gemeinsamen Tag verbringen. Sie schaffen sich eine Umgebung, die ihnen gefällt. Dies ist keine gemeinsame Entscheidung, sondern jeder „Hund" trägt genau das dazu bei, was ihn inspiriert. Ausgehend wieder vom eigenen Rückzugsort bis hin zu eventuellen gemeinsamen Plätzen, an denen sie Zeit verbringen möchten. Nichts ist vorgeplant, alles entsteht aus dem Moment. Wenn das Glöckchen läutet, startet der Tag und die Hundewiese ist eröffnet.

Vielleicht hat sich der ein oder andere auch schon wieder an seinen sicheren Ort zurückgezogen. Vielleicht kam er dort auch gar nicht raus. Alles ist gut, so wie es ist.

Nachdem sich die „Hunde" ein wenig bewegt haben, steige ich mit in die Szenerie ein. Manchmal kann das unterstützend sein und manchmal interveniere ich. Auch das ist vorher nicht geplant. Ich entscheide spontan und intuitiv, was für die Szenerie gut wäre. Es kann sein, dass ich als fremder „Hund" dazu komme, der einen der anderen „Hunde" heftig anspielt und keine Ruhe gibt. Das ändert die Szenerie komplett und die andere „Hunde" reagieren, indem sie ihr gerade gezeigtes Verhalten ändern. Dabei kann es auch zu Rangeleien kommen. Hierfür sind die Schaumstoffteile gut oder aus sonstigem Spielmaterial gefertigte „Waffen". Das geht so lange, bis der fremde „Hund" vertrieben ist oder er sich beruhigt und friedlich sein kann.

Ich kann jedoch auch unterstützend dazu kommen. Dann bin ich vielleicht ein Mensch, der den Hunden Beschäftigung bietet – nicht einfach nur einen Ball wirft, sondern wirklich richtig anleitet. Ein Mensch, der in der Lage ist, alle vier, fünf oder sechs „Hunde" gleichzeitig im Blick zu behalten und für jeden eine Aufgabe zu finden. Dabei lobe ich jede auch nur im Ansatz positiv zu bewertende Aktion jedes einzelnen „Hundes". Das Ganze soll ruhig ablaufen und die „Hunde" können natürlich Vorschläge machen, was sie gerne tun würden. Das dauert so lange, bis die Hunde zufrieden sind. Vielleicht hat sich der ein oder andere auch schon wieder an seinen sicheren Ort zurückgezogen. Vielleicht kam er dort auch gar nicht raus. Alles ist gut, so wie es ist.

Es ist egal, ob ich als „Hund" oder Mensch interagiere. Es wird immer dazu führen, dass die anderen „Hunde" Verhalten verändern müssen, da sich durch mein Auftreten die Geschichte verändert. Wie in einem Zahnradgetriebe: Wenn sich ein Zahnrad bewegt, werden auch andere in Bewegung kommen.

Am Ende läutet wieder das Glöckchen und der Tag endet. Da ich keine feste Vorstellung habe, wie ich ganz konkret in die Interaktion der Hunde einsteigen werde, sondern mich voll und ganz auf meine Intuition verlasse, brauche ich einen sehr leeren Geist. In der Regel gebe ich den Anfang einer Geschichte vor, damit die „Hunde" wissen, wie sie starten können. Manchmal sage ich auch schon am Anfang an, was ich tun werde, doch das ist gar nicht so wichtig. Ich lasse mich am liebsten von der Geschichte inspirieren, um dann zum richtigen Zeitpunkt einzusteigen.

Je mehr Geschichten gespielt werden, desto eher kommen die Hunde selbst auf Ideen, was sie gerne spielen möchten. Dann nehme ich die Geschichten, die vorgeschlagen werden. Da kann ich mich dann sowieso nicht mehr darauf vorbereiten.

Emotionen zulassen

Eine Sache ist mir noch wichtig. In dieser Form von „Wir tauchen ein in die Welt aus Sicht deines Hundes“ sind alle Emotionen erlaubt. Also auch Wut und Aggression. Es gilt die Regel: Niemand wird verletzt oder so angegriffen, dass es wehtut, aber es ist erlaubt, mit Schaumstoff zu schlagen oder weiche Teile zu werfen. Es darf jemand niedergerungen werden oder mit einer Waffe bedroht werden, die aus Spielzeug gebaut wurde. Das muss nichts damit zu tun haben, wie Hunde normalerweise miteinander interagieren; es hat etwas damit zu tun, dass Emotionen in einer Art und Weise kommuniziert werden können, die für das Gegenüber nicht gefährlich werden.

Vielleicht hört sich das zunächst etwas brutal an. Im Spiel wirkt das allerdings nicht so, sondern es sind ganz normale Handlungen. Das Leben mit deinem Hund ist kein Leben, das auf weichen Wolken gebettet ist. Es stellt dich vor mehr oder weniger Herausforderungen, die immer wieder eine gute Lösung brauchen.

Es gibt genügend Hunde, die ihre Zähne einsetzen und durch Knurren, Bellen oder hohe Körperspannung drohen. Geben wir diesen Emotionen einfach mal Raum und schauen, was sich daraus entwickelt. Es ist nicht schlimm, sie kennenzulernen. Viel schlimmer ist es, sie nicht sehen zu wollen oder sie zu negieren. Sie sind da, umgeben uns immer wieder. Heißen wir sie willkommen in einem Spiel, das Regeln hat und wo sie nicht wirklich bedrohlich werden können.

So viele unterschiedliche Geschichten gibt es gar nicht, die von den „Hunden“ gespielt werden – zumindest nicht, was das Thema betrifft. Aber die Ausprägungen sind so individuell, wie es „Hunde“ gibt. Deshalb gibt es kein formales Vorgehen. Sobald das Glöckchen klingelt, ist alles frei und jeder kann darin seinen Hund – und auch ein bisschen sich selbst – weiter erforschen und neu entdecken.

Geben wir diesen Emotionen einfach mal Raum und schauen, was sich daraus entwickelt. Es ist nicht schlimm, sie kennenzulernen. Viel schlimmer ist es, sie nicht sehen zu wollen oder sie zu negieren.

Der Hund ist ein Hund, ist ein Hund

Eventuell könnte der Eindruck entstehen, dass ich den Hund ein bisschen zu sehr vermenschliche, da ich so weit gehe, dass sogar der Mensch in die Rolle des Hundes schlüpft. Dem ist nicht so, da mir die Abgrenzung zwischen dir und deinem Hund enorm wichtig ist.

Deshalb ist es auch wichtig, die Bedürfnisse von euch beiden getrennt zu betrachten und genau hinzuschauen, wer welches Bedürfnis hat. Du solltest die Bereitschaft haben, dich ab und an auf das Bedürfnis deines Hundes einzustellen, jedoch genauso in der Lage sein, dein Bedürfnis über seines zu stellen.

Du solltest die Bereitschaft haben, dich ab und an auf das Bedürfnis deines Hundes einzustellen, jedoch genauso in der Lage sein, dein Bedürfnis über seines zu stellen.

Ausklang - Schluss

Zum Schluss …

Ich bin am Ende angekommen und hoffe, ich konnte dich mitnehmen in die Welt aus Sicht deines Hundes. Den Hund zwischen den Zeilen zu verstehen ist schnell dahergesagt und doch braucht es einiges an Mut, um die Perspektive wirklich wechseln zu können und auch zu wollen. Für jeden Hund, dessen Bedürfnisse besser gesehen und gehört werden, freue ich mich sehr. Ich bin mir sicher, dass jeder Mensch, der genauer hinzuhören und hinzuschauen lernt, auch ein Stückchen mehr bei sich selbst ankommt. Es ist nicht das Große, was die Welt bewegt, es sind die vielen kleinen Schritte, die zum Ziel führen.

Wenn du meine Herangehensweise in Teilen oder auch mehr für dich übernehmen möchtest, würde mich das sehr freuen. Der Moment, in dem du dich wirklich für deinen Hund öffnest, ist magisch. Du verstehst ihn viel leichter und du lernst dich in Verbindung mit ihm noch mehr kennen.

Da ich mich am besten mit Hunden auskenne, arbeite ich in der Regel mit Menschen und ihren Hunden. Doch ich habe auch schon mit Pferden und Katzen gearbeitet.

Da es darum geht, sich auf das Gegenüber einzulassen und wahrzunehmen, welche Informationen mir der Hund, das Pferd oder die Katze mitteilt, kann ich erkennen, um welche Bedürfnisse es in dem individuellen Fall geht. Trainieren kann ich nur mit Hunden, da mir tiefergehende Trainingskenntnisse bei anderen Tierarten fehlen.

Ich wünsche dir von Herzen ein glückliches und erfülltes Leben mit deinem Hund und dass ihr Lust darauf habt, euch immer besser kennen zu lernen.

Auch die größte Reise beginnt mit dem ersten Schritt. Dein erster Schritt ist mehr als getan, du bist am Ende dieses Buches angekommen. Danke.

Ich wünsche dir von Herzen ein glückliches und erfülltes Leben mit deinem Hund und dass ihr Lust darauf habt, euch immer besser kennen zu lernen.

Danke

In erster Linie danke ich dem Leben, da es mich zu dem Menschen gemacht hat, der ich heute bin. Es macht keinen Sinn sich anders, besser oder perfekter haben zu wollen. Alles ist gut, wie es ist.

Ansonsten ist das die Seite, auf der man schnell jemanden vergisst, der einen wertvollen Beitrag geleistet hat, damit ich es geschafft habe dieses Buch zu schreiben. Deshalb halte ich es kurz.

Dem Kynos Verlag danke ich, dass er mich unterstützt und motiviert hat, einfach loszuschreiben. Allen voran Gisela Rau, der ich nicht zuletzt den wunderbaren Titel „Das Hundetraining zwischen den Zeilen" zu verdanken habe.

Ich verneige mich vor den Menschen und Hunden, die mich gelehrt haben, was ich heute weiß. Sie alle in ihrer Einzigartigkeit schätze ich sehr. Ich weiß sehr genau, dass ich vom nächsten Mensch-Hund-Team, dem ich begegne, wieder etwas Neues lernen werde.

Godiva danke ich, dass sie mich zu einem Zeitpunkt, zu dem ich dachte, ich wüsste schon recht viel, Demut gelehrt hat. Sie anzunehmen mit ihren Stärken und Schwächen, hat unser Vertrauen vertieft und mich immer wieder mit mir selbst konfrontiert.

Weiter danke ich allen Menschen, die mich in der ein oder anderen Weise auf meinem Weg begleitet haben. Von denen ich lernen durfte, wer ich bin und die mich geprägt haben.

Verbundenheit ist das Zauberwort, das in der heutigen Zeit einen immer größeren Wert bekommt. Verbundenheit mit mir, mit anderen und mit der Welt. Wann immer ich das spüre, empfinde ich eine Dankbarkeit, die größer nicht sein könnte.

Demut und Gnade sind Worte, denen ich dankbar begegne, wann immer sie mir in den Sinn kommen.

Ich über mich – Autorinnenportrait

Puzzeln war als Kind meine große Leidenschaft. Dabei braucht es Geduld, eine gute Beobachtung, Dranbleiben und eine gute Struktur und Organisation beim Sortieren der einzelnen Teile. Schon damals legte ich eine solide Basis für meinen heutigen Beruf.

Zudem liebe ich das intuitive Handeln von Hunden. Am meisten habe ich von Hunden selbst gelernt. Während meiner Hundetrainerausbildung 1999 und 2000 saugte ich alles auf, was mir vor die Füße fiel. Es folgte eine Assistenzhundetrainerausbildung, in der ich Fitz zum Blindenführhund ausbildete.

Mir fehlte allerdings eine spielerische Komponente in der Ausbildung von Hunden, deshalb ging ich einer weiteren Leidenschaft nach und absolvierte eine Ausbildung zur Theaterpädagogin. Danach entstand mein 2010 erschienenes Buch „Theater spielen mit dem Hund“.

Da es in der Hauptsache nicht der Hund ist, mit dem ich arbeite, fand ich eine sehr spielerische Methode im Kinderpsychodrama. Diese modifizierte ich so, dass sie in meine Art mit Hund und Mensch zu arbeiten passte. Eine revolutionäre und wunderbare Methode.

Schlussendlich folgte noch eine Coaching-Ausbildung, die es mir ermöglichte, mich noch näher kennen zu lernen und gezielter mit meinen Kunden zu arbeiten.

Um mich immer wieder austauschen zu können, bin ich Teil der TOP-Trainiergemeinschaft der Tierakademie Scheuerhof.

Meine Webseite: https://septemberhund.de

Unter diesem Link findest du alle im Buch erwähnten Videos, Audios und Vorlagen:

www.hundebuchshop.com/Das-Hundetraining-zwischen-den-Zeilen-Downloads.htm

Platz für eigene Notizen

Das könnte dich auch interessieren:

Hunde-Körpersprache einmal anders: Dieser einzigartige, in vielen Jahren des Beobachtens entstandene Bildband konzentriert sich weniger auf die wissenschaftlich detaillierte Beschreibung von Ausdrucksverhalten als vielmehr auf eine echte Blickschulung für Hundehalter und -trainer: Wie kann denn ein unsicherer, ängstlicher, neugieriger oder aggressiver Hund aussehen? Wie unterscheidet sich die Mimik bei schlapp-oder stehohrigen, lang- oder kurzhaarigen Hunden und wie lerne ich, die gezeigten Äußerungen im Kontext der Situation richtig zu deuten?
Nachdem zunächst die einzelnen „kommunizierenden" Körperteile des Hundes und deren Signale unter die Lupe genommen werden, schließt sich ein ausführlicher Teil zu den einzelnen Grundemotionen an, beleuchtet das Thema also von der anderen Seite aus. So ergibt sich ein umfassendes Gesamtbild, das hilft, Hunde künftig besser „lesen" zu können.

Lernen Sie, hinzusehen und Hunde besser zu verstehen!

„Ohne Übertreibung kann man von einem monumentalen Werk sprechen." (Linda Tellington-Jones)

Hardcover, 624 Seiten, farbig
ISBN: 978-3-95464-302-8

Belohnen ist weit mehr als nur gelegentlich Leckerchen geben: Im richtigen Belohnen steckt ein riesiges Potenzial, um das Training von Hunden effektiver zu gestalten und gewünschte Verhaltensweisen felsenfest zu verankern.
Die erfolgreiche Tiertrainerin Viviane Theby erklärt auf solider wissenschaftlicher Grundlage aktueller Lerntheorie, warum richtige Belohnungen so machtvolle Verstärker von Verhalten sind, worin der Unterschied zwischen primären und sekundären Verstärkern besteht, warum das exakte Timing entscheidend ist und was es mit Belohnungskriterien und Belohnungsraten auf sich hat.

Damit Sie die Verstärker nicht nur verstehen, sondern auch anwenden können, bietet das Buch zahlreiche Praxisübungen zur Verfeinerung Ihrer eigenen Technik. Denn: Training ist ein Handwerk, das man lernen kann.

Hier steht, wie es geht.

Flexicover, 192 Seiten, farbig
ISBN: 978-3-95464-301-1

Als der Autor zu Beginn der 1990er Jahre in eine Diensthundestaffel der niederländischen Polizei eintrat, beruhte die Ausbildung noch auf Unterwerfung und Strafe – wie fast überall zu dieser Zeit und in dieser Szene. Als er mit der Aufgabe betraut wurde, Hunde für eine neu gegründete Spezialeinheit auszubilden, in der die Hunde selbständig über große Entfernungen und außer Sichtweite der Hundeführer agieren sollten, war schnell klar, dass dies mit den herkömmlichen Methoden nicht zu machen war: Es war die Geburtsstunde des „Pavlov-Projekts“, der Einführung der operanten Konditionierung in die Welt der Diensthundeausbildung.
Jahrelang reiste Simon Prins um den Globus, um von den Besten zu lernen und wurde dabei insbesondere von Bob Bailey beeinflusst, den er als seinen geistigen Mentor bezeichnet. In diesem Buch hat er seine ganz persönliche Reise in die spannende Welt der Verhaltens- und Lernforschung festgehalten und lässt den Leser an seinen Erfahrungen und Erkenntnissen teilhaben, zu denen vorübergehende Fehlschläge ebenso gehörten wie großartige Erfolge.
Mitreißend und für jeden verständlich erklärt er die Grundprinzipien und Gesetze eines modernen, auf wissenschaftlichen Fakten beruhenden Hundetrainings, mit dem praktisch alles möglich ist.
Warum operante Konditionierung weit mehr ist als „Kekse werfen“, was beim Einsatz von Verstärkern alles zu beachten ist, welche Fallstricke sich uns beim Training in den Weg legen können, warum Datensammeln so wichtig ist und wie es um die innere Einstellung und Motivation des Trainers bestellt sein muss, erfahren Sie in diesem spannenden Buch, das Theorie und Praxis überzeugend zusammenbringt.

Hardcover, 392 Seiten, farbig
ISBN: 978-3-95464-257-1